AF337362

Les ompositions Scientifiques

aux Brevets de Capacité

Paris. — Delalain

LES COMPOSITIONS SCIENTIFIQUES

AUX BREVETS DE CAPACITÉ

LES COMPOSITIONS SCIENTIFIQUES

AUX BREVETS DE CAPACITÉ

ÉLÉMENTAIRE ET SUPÉRIEUR

CHOIX DE PROBLÈMES

ET DE QUESTIONS SCIENTIFIQUES

DONNÉS AUX EXAMENS DANS LES DERNIÈRES SESSIONS

AVEC QUELQUES MODÈLES DE SOLUTIONS

Publiés par I. DAVID

OFFICIER D'ACADÉMIE.

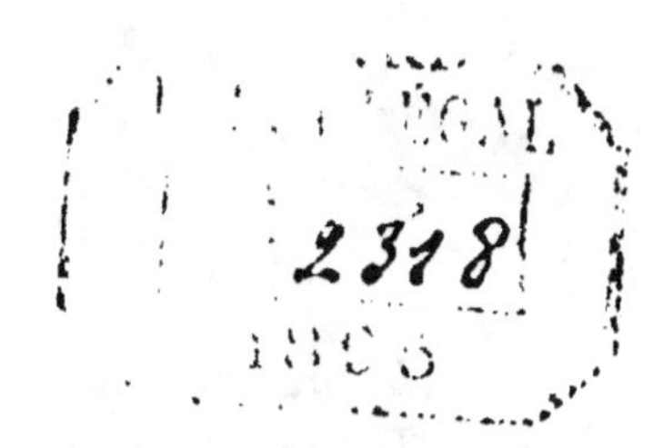

PARIS

IMPRIMERIE ET LIBRAIRIE CLASSIQUES

MAISON JULES DELALAIN ET FILS

DELALAIN FRÈRES, Successeurs

56, RUE DES ÉCOLES.

AVANT-PROPOS

Continuant la série des questions données aux examens du Brevet élémentaire et du Brevet supérieur de capacité, nous publions un Choix de Sujets proposés pour les épreuves d'Arithmétique, de Géométrie et de Sciences physiques et naturelles.

L'arrêté du 18 janvier 1887 a fixé ainsi qu'il suit les compositions scientifiques des Brevets de capacité :

Pour le *Brevet élémentaire :*

« Une question d'arithmétique et de système
« métrique et la solution raisonnée d'un problème
« comprenant l'application des quatre règles
« (nombres entiers, fractions, mesure des surfaces
« et des volumes simples); — durée de l'épreuve :
« deux heures. »

Pour le *Brevet supérieur :*

« Une composition comprenant deux questions:
« l'une sur l'arithmétique (et, en outre, sur la

« géométrie appliquée aux opérations pratiques,
« pour les *aspirants* seulement) ; l'autre sur les
« sciences physiques et naturelles avec leurs ap-
« plications les plus usuelles à l'hygiène, à l'in-
« dustrie, à l'agriculture et à l'horticulture (quatre
« heures sont accordées pour cette composition). »

La composition scientifique du **Brevet élémentaire** comporte une question de théorie et un problème. Il nous a semblé utile, pour le classement, de séparer les questions théoriques des problèmes, et de ranger ces deux séries de sujets suivant l'ordre méthodique des traités d'arithmétique. Toutefois, comme il n'est pas sans intérêt de se rendre compte du niveau moyen des deux questions réunies, nous avons, en outre, donné un certain nombre de sujets de composition, comprenant à la fois et la question de cours et le problème. Enfin, pour une trentaine de problèmes, nous avons indiqué les solutions à titre d'exemple.

La partie du volume consacrée au Brevet élémentaire se trouve ainsi subdivisée en quatre sections :

1° *Questions de théorie* ou *questions de cours.*
2° *Problèmes.*
3° *Problèmes avec modèles de solutions.*
4° *Questions complètes, groupant ensemble la question de théorie et le problème d'application.*

Les épreuves du **Brevet supérieur** portent à la fois sur l'Arithmétique, la Géométrie, les Sciences physiques et naturelles. C'est d'après cet ordre que les questions ont été classées, en y ajoutant, comme pour le Brevet élémentaire, une série de sujets complets de la composition scientifique, présentant dans leur ensemble les questions de Mathématiques et de Sciences physiques et naturelles.

La partie du volume consacrée au Brevet supérieur renferme donc également quatre subdivisions :

1° *Questions d'Arithmétique.*

2° *Questions de Géométrie.*

3° *Questions de Sciences physiques et naturelles.*

4° *Questions complètes (Groupement des questions scientifiques).*

A la suite de chaque question, nous avons mentionné la référence des dates, de la catégorie des candidats, et des départements ou des Académies (quand un seul sujet a été donné dans tous les départements d'une même Académie).

Nous serions heureux que ce recueil fût favorablement accueilli par les maîtres et les maîtresses qui préparent aux Brevets; par les candidats, toujours désireux d'être mis au courant des

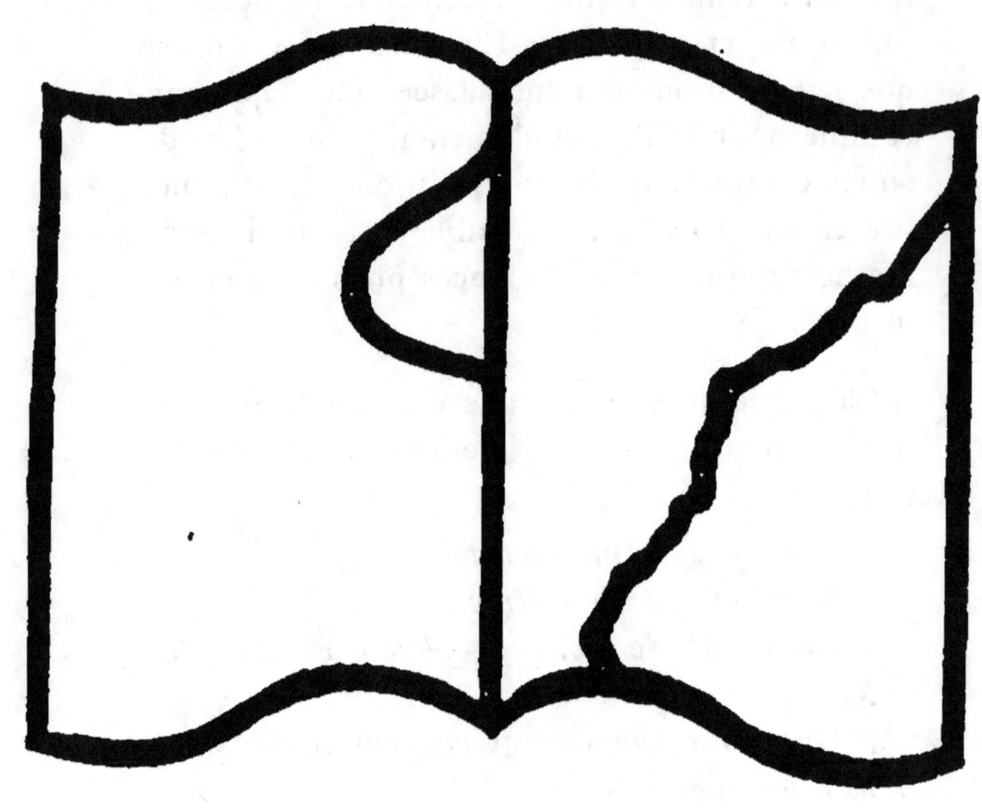

Texte détérioré — reliure défectueuse
NF Z 43-120-11

sujets proposés dans les examens; enfin par les Commissions elles-mêmes, qui trouveront, nous l'espérons, dans cette série de questions des indications utiles.

I. D.

COMPOSITIONS SCIENTIFIQUES

AUX BREVETS DE CAPACITÉ

Brevet élémentaire

I

THÉORIE ARITHMÉTIQUE

1. Théorie de la numération des nombres entiers de 1 à 1000 (numération parlée et numération écrite). — Qu'appelle-t-on base d'un système de numération?

(Ariége. — 1893. — Aspirantes.)

2. Retrancher le 2ᵉ nombre ci-après du 1ᵉʳ, en commençant la soustraction par la gauche des nombres proposés et en raisonnant. — Faites-en ressortir l'avantage que l'on a de commencer l'opération par la droite des nombres proposés.

De   87 546
Retrancher 19 398.

(Landes. — 1893. — Aspirants.)

3. Que devient la différence de deux nombres : 1° quand on les diminue tous deux d'un même nombre; 2° quand on les divise tous les deux par un même nombre? Démonstration.

(Tarn-et-Garonne. — 1893. — Aspirantes.)

4. Expliquer la multiplication des nombres entiers. Appliquer à $2\,864 \times 307$.

(Ain. — 1893. — *Aspirants.*)

5. Faire la théorie du 3ᵉ cas de la multiplication des nombres entiers et en déduire la règle pratique, en prenant pour exemple les nombres $9\,678 \times 407$.

(Allier. — 1893. — *Aspirantes.*)

6. Que devient le produit d'une multiplication quand on ajoute un nombre entier au multiplicande et le même nombre entier au multiplicateur? — Prendre pour exemple 504×48, facteurs auxquels on ajoute respectivement 12. — Démonstration.

(Côte-d'Or. — 1893. — *Aspirants.*)

7. On multiplie 257 par 13 et l'on recommence l'opération après avoir ajouté 3 unités au multiplicande et 5 unités au multiplicateur. Indiquer, d'avance et par raisonnement, de combien le nouveau produit surpassera le premier.

(Hautes-Alpes. — 1894. — *Aspirants.*)

8. Quelles sont les diverses manières de faire la preuve de la multiplication de deux nombres entiers? Expliquer le principe de la preuve par 9.

(Basses-Pyrénées. — 1893. — *Aspirantes.*)

9. Énoncer la preuve par 9 de la multiplication de deux nombres entiers et démontrer le théorème sur lequel cette preuve est fondée.

(Aude. — 1894. — *Aspirants.*)

10. Démontrer qu'en multipliant par 3 le multiplicande d'une multiplication et en divisant par 4 le multiplicateur, le produit est devenu les $\frac{3}{4}$ de ce qu'il était primitivement.

(Aisne. — 1893. — *Aspirants.*)

11. Montrer que, pour multiplier par un nombre un produit de plusieurs facteurs, il suffit de multiplier l'un quelconque des facteurs de ce produit par ce nombre.

(Drôme. — 1894. — *Aspirantes.*)

12. Que devient un produit de trois facteurs quand on multiplie chacun de ces facteurs par 3? (Démonstration.)

(Départements de l'Académie de Montpellier. — 1891. — *Aspirants.*)

13. Démontrer que le produit de deux nombres diminue lorsqu'on augmente le grand d'une unité et qu'on diminue le petit également d'une unité.

(Morbihan. — 1893. — *Aspirants.*)

14. Que devient la somme $15 + 8$ lorsqu'on multiplie chacun de ses termes par 3?

Que devient le produit 15×8 lorsqu'on multiplie chacun de ses facteurs par 3?

(Landes. — 1893. — *Aspirants.*)

15. Que devient le quotient quand on multiplie le dividende par 8 et le diviseur par 0,5? Expliquer.

(Allier. — 1893. — *Aspirantes.*)

16. Étant donnés deux nombres : 125 et 38, expliquez ce que deviennent : 1° la somme, 2° la différence de ces nombres, lorsqu'on les multiplie tous les deux par 3. Expliquez aussi ce que devient leur produit lorsqu'on les augmente tous les deux de 3 unités.

(Haute-Marne. — 1893. — *Aspirants.*)

17. L'un des deux facteurs d'un produit est quadruple de l'autre; si l'on augmente chacun d'eux de 6, le produit est augmenté de 456. Quels sont ces deux facteurs?

(Seine. — 1893. — *Aspirantes.*)

18. Multiplier deux nombres décimaux l'un par l'autre en expliquant l'opération, et montrer que cette opération n'est qu'un cas particulier de la multiplication de deux nombres fractionnaires.

(Drôme. — 1894. — *Aspirantes.*)

19. Donner une définition de la division. Démontrer que le quotient de deux nombres entiers peut s'écrire sous forme de fraction ayant pour numérateur le dividende et pour dénominateur le diviseur.

(Meurthe-et-Moselle. — 1894. — Aspirants.)

20. Expliquer la marche à suivre pour faire la preuve de la division par 9. Opérer sur l'exemple suivant : $\dfrac{950\,083}{368}$.

Pour faire cette preuve, pourrait-on choisir un autre diviseur que 9? Pourquoi préfère-t-on 9?

(Yonne. — 1893. — Aspirants.)

21. Soit à diviser 254 par 7.

1° Qu'entend-on par *quotient entier* de ces deux nombres? Quel est-il?

2° Qu'entend-on par *quotient* de ces deux nombres à 0,01 près? Quel est-il?

3° Qu'entend-on par *quotient exact* de ces deux nombres? Quel est-il? Démontrez que le nombre que vous indiquez est le quotient exact de 254 par 7.

(Landes. — 1893. — Aspirants.)

22. Définir la division des nombres entiers, le quotient, le reste. Démontrer que le reste d'une division ne change pas si l'on ajoute au dividende ou si l'on en retranche un multiple du diviseur. Déduire de ce principe la règle pratique pour trouver le reste de la division d'un nombre par 9.

(Finistère. — 1893. — Aspirantes.)

23. Qu'appelle-t-on quotient de deux nombres à moins d'une unité? Combien le quotient, à moins d'une unité, de 9 537 par 24, aura-t-il de chiffres? Comment obtiendra-t-on le chiffre des plus hautes unités de ce quotient?

(Tarn-et-Garonne. — 1893. — Aspirants.)

24. Démontrer que lorsqu'un nombre divise le dividende et le diviseur d'une division, il divise aussi le reste, et que lorsqu'un nombre divise le diviseur et le reste, il divise aussi le dividende.

Énoncer, sans les démontrer, les théorèmes sur lesquels on s'appuie.

(Isère. — 1893. — Aspirants.)

25. Démontrer que tout nombre qui divise exactement le dividende et le diviseur d'une division, doit aussi diviser exactement le reste de la division. — Prendre pour exemple la division de 426 par 54.

(Puy-de-Dôme. — 1893. — *Aspirants.*)

26. Trouver, sans faire la division, le reste de la division de 947 par 9. Énoncer et démontrer la règle suivie dans cette opération.

(Haute-Savoie. — 1894. — *Aspirants.*)

27. Trouver un nombre qui, divisé par 2, 5, 7, 11, 26, donne toujours 1 pour reste. Y en a-t-il plusieurs? Quel est le plus petit?

(Alpes-Maritimes. — 1891. — *Aspirants.*)

28. Qu'appelle-t-on trouver le quotient d'une division :

1° A $\dfrac{1}{100}$ près par défaut; 2° à $\dfrac{1}{1000}$ près par excès?

Énoncer la règle pour trouver le quotient d'une division à une unité fractionnaire près et appliquer la règle aux deux exemples suivants :

1° Trouver le quotient $\dfrac{24,3456}{35}$ à $\dfrac{1}{1000}$ près;

2° Trouver le quotient de $\dfrac{6437}{48}$ à $\dfrac{1}{15}$ près.

(Alpes-Maritimes. — 1891. — *Aspirantes.*)

29. Division d'un nombre décimal par un nombre décimal. — Prendre pour exemple la division de 35,748 par 15,23. — Expliquer l'opération. — Donner le quotient à un centième près. — Quel est alors le reste de la division?

(Finistère. — 1891. — *Aspirants.*)

---

30. Le produit de deux facteurs peut-il être inférieur à chacun de ces facteurs? — Démonstration.

(Côte-d'Or. — 1891. — *Aspirantes.*)

31. Trouver le plus petit multiple commun des nombres 68, 180, 2376. Donner la règle et la démonstration.

(Loire. — 1893. — *Aspirantes.*)

32. Trouver le plus grand commun diviseur des deux nombres 7854 et 1050.

Sur quels principes repose la détermination du plus grand commun diviseur de deux nombres?

Quelles applications reçoit le plus grand commun diviseur de deux ou plusieurs nombres?

(Hautes-Pyrénées. — 1893. — *Aspirants.*)

33. Exposer et démontrer le caractère de divisibilité par 9. Comment peut-on trouver le reste de la division d'un nombre entier par 9, sans faire l'opération?

(Ain. — 1893. — *Aspirantes.*)

34. Exposez comment on trouve les facteurs premiers d'un nombre entier quelconque; appliquez votre raisonnement au nombre 720.

(Seine. — 1893. — *Aspirantes.*)

35. Démontrer que si deux nombres, 9 et 16 par exemple, sont premiers entre eux, leur somme et leur produit sont des nombres premiers entre eux.

(Basses-Pyrénées. — 1893. — *Aspirants.*)

36. Décomposer les nombres suivants en facteurs premiers : 360, 420, 1200. — Trouver le plus petit multiple commun de ces trois nombres.

(Corrèze. — 1893. — *Aspirantes.*)

---

37. Que devient une fraction lorsqu'on augmente ou qu'on diminue ses deux termes du même nombre? Passez en revue les divers cas qui peuvent se présenter.

(Haute-Saône. — 1893. — *Aspirantes.*)

38. Les termes de la fraction $\frac{15}{28}$ sont multiples de ceux de la fraction $\frac{5}{7}$. Prouver que, pour obtenir le quotient de $\frac{15}{28} : \frac{5}{7}$, on peut diviser numérateur par numérateur et dénominateur par dénominateur.

(Seine. — 1893. — *Aspirants.*)

39. Donner la théorie de la division des fractions, et en faire l'application au cas suivant : $\frac{2}{3} : \frac{4}{7}$.

(Seine. — 1893. — *Aspirants.*)

40. Lorsqu'une fraction ordinaire peut se transformer exactement en décimales, comment peut-on faire la transformation, sans effectuer de division? Prendre pour exemple la fraction $\frac{37}{80}$.

(Seine. — 1894. — *Aspirants.*)

41. Conversion d'une fraction ordinaire en fraction décimale. Condition nécessaire et suffisante pour qu'une fraction ordinaire irréductible puisse être convertie exactement en décimales.

(Seine. — 1894. — *Aspirants.*)

42. Montrez que toute fraction peut être considérée comme le quotient de son numérateur par son dénominateur. De ce principe déduisez la règle :

1° Pour compléter le quotient d'une division qui ne se fait pas exactement;

2° Pour convertir une fraction ordinaire en fraction décimale.

(Meurthe-et-Moselle. — 1894. — *Aspirants.*)

43. Dans quels cas le produit de deux fractions est-il inférieur aux 0,53 du multiplicateur?

Dans quels cas le quotient de deux fractions est-il supérieur aux 0,12 du dividende?

(Seine. — 1893. — *Aspirantes.*)

44. En divisant $\frac{5}{6}$ par une certaine fraction, on obtient un quotient qui est égal aux $\frac{2}{3}$ du dividende. Quelle est cette fraction? Théorie et vérification.

Dans cette opération, quelle quantité faut-il ajouter ou retrancher au diviseur pour que le quotient devienne les $\frac{3}{4}$ du dividende?

(Drôme. — 1891. — Aspirants.)

45. Ayant un produit de deux facteurs, on multiplie le multiplicande par $\frac{2}{3}$ et le multiplicateur par $\frac{5}{7}$. Démontrer que le produit des deux facteurs ainsi modifiés est égal au produit primitif multiplié par le produit des deux autres facteurs $\frac{2}{3}$ et $\frac{5}{7}$.

(Côte-d'Or. — 1894. — Aspirantes.)

46. Démontrez que si plusieurs fractions sont égales, on obtient encore une fraction égale aux précédentes en ajoutant tous les numérateurs entre eux et les dénominateurs entre eux. — Énoncer la même proposition en considérant les fractions comme des rapports.

(Morbihan. — 1893. — Aspirantes.)

47. Si on a trois fractions égales, et que l'on forme une quatrième fraction avec la somme des numérateurs divisée par la somme des dénominateurs, cette quatrième fraction est égale à chacune des fractions proposées.

$$\text{Exemple}: \frac{2}{3} = \frac{10}{15} = \frac{14}{21} = \frac{2+10+14}{3+15+21}.$$

(Seine. — 1893. — Aspirantes.)

48. Réduire à sa plus simple expression la fraction $\frac{6468}{28028}$.

Prouver que la fraction obtenue est équivalente à la fraction proposée, et qu'il n'est pas possible de l'exprimer par des termes plus simples.

(Gers. — 1893. — Aspirantes.)

49. De quelle fraction en moins ou en plus varie la fraction $\frac{8}{9}$, quand on ajoute son dénominateur aux deux termes?

(Aude. — 1893. — *Aspirants.*)

50. Quelle modification subit une fraction aux deux termes de laquelle on ajoute un même nombre? On en conclura le nombre qu'il faut ajouter aux deux termes de la fraction $\frac{15}{31}$ pour qu'elle diffère de l'unité de 0,001.

(Départements de l'Académie de Paris, excepté la Seine. — 1894. — *Aspirants.*)

51. Théorie de la simplification des fractions :
1° En divisant par les facteurs simples dont les caractères de divisibilité font connaitre la présence.

Exemple : $\frac{330}{4290}$.

2° En divisant par le plus grand commun diviseur.

Exemple : $\frac{143}{1001}$.

(Seine. — 1893. — *Aspirantes.*)

————◦❧◦————

52. Étude des mesures agraires. Manière de les lire et de les écrire.

(Mayenne. — 1894. — *Aspirants.*)

53. Une surface rectangulaire a 3 m. de base et 1 m. 8 de hauteur. Démontrez qu'on connait cette surface en multipliant la base par la hauteur. Dire quelles unités représentent les facteurs de ce produit, et pourquoi il exprime des mètres carrés?

(Seine. — 1893. — *Aspirantes.*)

54. Les mesures de capacité. Leur unité principale. Leurs relations avec les mesures de volume. Nommer la série des mesures effectives ou réelles de capacité.

(Côtes-du-Nord. — 1893. — *Aspirants.*)

55. Des mesures de surface et de volume. Unités principales et secondaires. Mesures effectives.

(Saône-et-Loire. — 1893. — *Aspirants.*)

56. Montrer la correspondance qui existe entre les mesures de volume ou de capacité, d'une part, et les mesures de poids, de l'autre.

(Côtes-du-Nord. — 1894. — *Aspirantes.*)

57. Définir le gramme. Donner la série complète des poids en cuivre d'un gramme et au-dessus. Dire quels poids on prendra pour faire, avec une seule série de poids, le poids de 14 kilog., le poids de 4 kilog. 125 et celui de 39 grammes.

(Seine. — 1893. — *Aspirantes.*)

58. Monnaies employées en France. — Comment l'unité des monnaies se rattache-t-elle au mètre? — Qu'entend-on par le titre d'une monnaie? — Toutes les monnaies françaises ont-elles le même titre?

(Belfort. — 1893. — *Aspirants.*)

59. Dire sur quelles bases repose le système métrique actuellement employé en France et quels avantages présentent les nouvelles mesures sur les anciennes.

(Seine. — 1894. — *Aspirants.*)

------ ◆ ------

60. Qu'appelle-t-on rapport de deux quantités? Qu'est-ce qu'une proportion? Former une proportion dont le premier rapport soit $\frac{5}{7}$? Énoncer et démontrer la propriété fondamentale des proportions.

(Tarn-et-Garonne. — 1894. — *Aspirants.*)

61. Partager un nombre en parties proportionnelles à des nombres donnés.
Démonstration et règle.

(Loire. — 1893. — *Aspirants.*)

62. Exposer la règle du partage en parties proportionnelles ; la démontrer sur l'exemple suivant : partager 9 919
proportionnellement à 2, 5, 7.

(Ille-et-Vilaine. — 1893. — Aspirantes.)

63. Qu'est-ce que le titre d'un alliage ?

Comment calcule-t-on le titre d'un alliage dans lequel
entrent 15 grammes d'argent et 2 grammes de cuivre ?

Comment calcule-t-on le poids de métal précieux contenu
dans un alliage, connaissant le poids et le titre ?

(Maine-et-Loire. — 1894. — Aspirants.)

II

PROBLÈMES D'ARITHMÉTIQUE

1° FRACTIONS.

64. Un marchand vend les $\frac{5}{8}$ d'une pièce de drap avec un bénéfice de 12 fr.; les $\frac{2}{5}$ du reste avec une perte de 3 p. 0/0 et le reste avec un bénéfice de 10 p. 0/0. Il réalise ainsi un bénéfice de 46 fr. 50. Combien lui coûtait la pièce de drap?

(Aude. — 1891. — *Aspirants.*)

65. Un marchand a acheté une pièce de drap à raison de 15 fr. le mètre. Il en a revendu les $\frac{2}{7}$ à 19 fr. le mètre; les $\frac{2}{9}$ à 18 fr. 50; les $\frac{2}{11}$ à 18 fr.; les $\frac{2}{13}$ à 17 fr. 50, et le reste à 17 fr. le mètre. Il a ainsi gagné 285 fr. sur le marché. Quelle était la longueur de cette pièce de drap?

(Constantine. — 1893. — *Aspirants.*)

66. Un marchand a acheté 400 mètres d'étoffe. Il la revend en deux lots et gagne sur le premier, qui comprend les $\frac{2}{5}$ de sa marchandise, 10 p. 0/0 du prix d'achat, et 15 p. 0/0 sur le reste. Sachant qu'il a retiré de sa vente une somme de 5650 fr., on demande : 1° le prix d'achat du mètre d'étoffe; 2° le prix de vente du mètre de chacun des deux lots.

(Ariège. — 1893. — *Aspirants.*)

67. Une personne dispose de sa fortune comme il suit : elle donne les $\frac{5}{8}$ à ses héritiers; $\frac{1}{10}$ du reste à un hospice; les $\frac{3}{5}$ du nouveau reste aux pauvres de la localité; enfin elle destine 4932 fr. qui complètent son avoir à l'amélioration du matériel d'une école. Calculer la fortune totale du testateur, la part de ses héritiers, celle des pauvres et celle de l'hospice.

(Gard. — 1891. — *Aspirants.*)

68. Une personne a engagé deux sommes égales dans deux entreprises différentes. Au bout d'un certain temps, la première somme s'est trouvée accrue de 65 p. 0/0, et la seconde réduite aux $\frac{7}{9}$ de ce qu'elle était au début. La première surpasse alors la seconde de 15 000 fr. Quelles sont ces deux sommes?

(Drôme. — 1891. — *Aspirantes.*)

69. Une personne achète deux terrains qui lui coûtent ensemble 29 988 fr. Les $\frac{2}{5}$ du prix du premier égalent les $\frac{4}{7}$ du prix du second. On demande : 1° le prix de chaque terrain; 2° la surface du second terrain, sachant que le premier est un trapèze ayant pour bases 127 m. et 83 m. et pour hauteur 42 m., et que l'hectare du premier coûte 4000 fr. de plus que l'hectare du second.

(Rhône. — 1893. — *Aspirants.*)

70. Une personne achète une pièce de toile en petite largeur pour une somme de 47 fr. 57, déduction faite d'un escompte de 2 p. 0/0. Avec les $\frac{7}{10}$ de la pièce de toile elle confectionne des serviettes de 0 m. 75 de longueur. Sachant que s'il lui restait 2 m. de plus, elle aurait encore les $\frac{3}{8}$ de sa pièce de toile, on demande : 1° quelle était la longueur de la pièce de toile; 2° combien la personne a confectionné de serviettes; 3° quel était le prix fort, c'est-à-dire sans escompte, du mètre de toile.

(Gironde. — 1893. — *Aspirantes.*)

71. On achète une propriété du prix de 84 000 fr. composée de champs, de prés et de bois. Les prés valent les $\frac{6}{11}$ de la valeur des champs, et les bois les $\frac{2}{3}$ de ce que valent les prés. Les champs rapportent 3 p. 0/0, les prés 4 p. 0/0 et les bois 2 p. 0/0. On demande quel est le revenu de la propriété, et quel revenu on aurait en achetant de la rente 3 p. 0/0 au cours de 98 fr. au lieu de la propriété.

(Morbihan. — 1893. — Aspirantes.)

72. Une personne emploie les $\frac{3}{8}$ d'une somme dont elle dispose et, successivement, les $\frac{2}{5}$ de ce qui lui reste et les $\frac{5}{12}$ du nouveau reste. Elle place à 3 fr. 60 p. 0/0 ce qui lui reste en dernier lieu et elle en retire un revenu annuel de 553 fr. 518. Calculer la valeur de la somme primitive.

(Basses-Pyrénées. — 1893. — Aspirantes.)

73. Un domestique infidèle tire d'un tonneau plein contenant 150 lit. une cruche de 15 lit. de vin pur, et, pour qu'on ne s'aperçoive pas de ce méfait, il y verse 15 lit. d'eau. Il renouvelle cette opération une deuxième fois, puis une troisième. On demande quelle quantité de vin pur il reste alors dans ce tonneau.

(Ardèche. — 1893. — Aspirants.)

74. Un négociant déclaré en faillite ne peut payer que 31 p. 0/0 à ses créanciers; avec 5 000 fr. de plus, il pourrait payer les $\frac{4}{7}$ de ce qu'il doit. Quel est son actif? quel est son passif?

(Aude. — 1893. — Aspirants.)

75. Un cultivateur a vendu successivement les $\frac{2}{5}$ de sa récolte de pommes, puis les $\frac{3}{4}$ de ce qui lui restait après cette première vente, et enfin les $\frac{5}{7}$ de ce qui lui est resté après la seconde vente. Il a encore 3 mç. 054. Combien en avait-il de doubles décalitres?

(Finistère. — 1893. — Aspirantes.)

76. Un cultivateur a ensemencé en blé 3 ha. 04 a. 25 ca. de terre. Il récolte par hectare 2 mc. 26 de blé. Il calcule que la récolte tout entière pourra donner 4 603 kilog. 450 de pain. Or, le blé rend en farine les $\frac{8}{11}$ de son poids; le poids de l'eau ajoutée pour faire la pâte est les $\frac{53}{100}$ de celui de la farine, et la pâte perd par la cuisson $\frac{1}{6}$ de son poids. On demande de déterminer le poids moyen de l'hectolitre de blé.

(Belfort. — 1893. — Aspirants.)

77. Un ouvrier qui travaille 300 jours par an emploie en moyenne, pour sa nourriture, pendant toute l'année le $\frac{1}{3}$ de son salaire quotidien; il emploie de plus le $\frac{1}{9}$ pour son logement, $\frac{1}{6}$ pour se vêtir et $\frac{1}{8}$ pour frais divers. Il place le reste, à la fin de l'année, à la caisse d'épargne, à $3\frac{1}{4}$ p. 0/0, et retire au bout de l'année 12 fr. 35 d'intérêt. Quel est le salaire journalier de cet ouvrier et la somme qu'il affecte à chacune de ses dépenses?

(Aube. — 1891. — Aspirants.)

78. Pour faire une robe, on achète 12 m. 50 d'une étoffe qui a 0 m. 60 de largeur et qui coûte 4 fr. 80 le mètre. On désire doubler entièrement cette robe avec une étoffe de $\frac{3}{4}$ de mètre de largeur, dont le prix est les $\frac{3}{8}$ du prix précédent.

On demande :
1° Le nombre de mètres de doublure;
2° Le prix total des deux étoffes;
3° La réduction opérée sur la facture, si l'on paye comptant avec une remise de 2 fr. 25 p. 0/0.

(Meuse. — 1891. — Aspirantes.)

79. Une personne achète chez un marchand 7 m. $\frac{2}{3}$ d'étoffe qu'elle paye 52 fr. 45. Vérification faite, on trouve que le marchand s'est trompé en mesurant, et que le coupon ne contient que 6 m. $\frac{7}{8}$. Quelle somme doit rendre le marchand à l'acheteur, qui consent à garder le coupon?

(Creuse. — 1893. — *Aspirants*.)

80. Une commune emploie les $\frac{2}{3}$ de ses recettes à solder les dépenses ordinaires de son budget, les $\frac{4}{5}$ de ce qui reste à payer les dépenses extraordinaires, et il lui reste alors une somme égale au revenu produit par un capital de 200000 fr., placé au taux de 5 p. 0/0 pendant 6 mois. A combien s'élevaient : 1° les recettes totales de cette commune; 2° le montant des dépenses ordinaires; 3° celui des dépenses extraordinaires; 4° la somme restant disponible?

(Corrèze. -- 1893. — *Aspirants*.)

81. Un vase contient $\frac{1}{3}$ de sa capacité de mercure, les $\frac{3}{5}$ du reste d'eau et le restant d'huile. Son poids est alors de 5 kilog. Vide, il pèse 1120 grammes. Trouver sa capacité, sachant qu'un centimètre cube de mercure pèse 15 gr. 6, et qu'un centimètre cube d'huile pèse 0 gr. 9.

(Yonne. — 1893. — *Aspirantes*.)

82. On a payé une somme de 1320 fr. avec des pièces de 5 fr., de 2 fr. et de 1 fr. Trouver combien il y avait de pièces de chaque espèce, sachant que le nombre des pièces de 2 fr. est à la fois les $\frac{5}{6}$ du nombre des pièces de 5 fr. et les $\frac{5}{4}$ du nombre des pièces de 1 fr. On demande en outre quel serait le titre de l'alliage qu'on obtiendrait si on fondait toutes ces pièces ensemble.

(Départements de l'Académie de Lyon. — 1891. — *Aspirants*.)

83. Au moment où un propriétaire se dispose à vendre son blé et son vin, il survient une baisse de 6 fr. par hectolitre sur le prix du vin, et une hausse de 2 fr. 50 sur le prix du blé. S'il vendait tout, les nouvelles conditions du marché lui feraient perdre 300 fr. : il vend la totalité du blé, mais seulement les $\frac{2}{3}$ du vin, et retire de cette vente ce qu'il en aurait retiré aux anciennes conditions. Combien a-t-il vendu de blé et de vin?

(Côtes-du-Nord. — 1891. — Aspirants.)

84. La graine de colza contient 47 p. 0/0 de son poids d'huile; mais on ne retirera par la pression que les $\frac{8}{11}$ de cette huile. Le litre d'huile de colza pèse 92 décagrammes. Combien devra-t-on presser de kilogrammes pour avoir 1 hectolitre d'huile?

(Côtes-du-Nord. — 1891. — Aspirants.)

85. On a vendu les $\frac{3}{4}$ d'une propriété pour 25432 fr. 80 à raison de 2836 fr. l'hectare. Le reste de la propriété a été ensuite vendu à un prix qui est inférieur au premier de 0 fr. 20 par mètre carré. Combien le vendeur a-t-il reçu en tout? Quelle était la contenance de la propriété?

(Finistère. — 1891. — Aspirantes.)

86. Un terrain est divisé en deux parties inégales, dont la différence est de 40 a. 50. Les $\frac{3}{4}$ de la première partie égalent les $\frac{5}{6}$ de la seconde. On demande le prix de tout le terrain et celui de chaque partie, sachant que l'hectare vaut 6540 fr.

(Aude. — 1891. — Aspirantes.)

87. Trois blocs de glace sont tels que le volume du 1er surpasse de $\frac{1}{8}$ celui du 2e, que celui du 2e n'est que les $\frac{16}{27}$ de celui du 3e, et que la différence des volumes du 1er et du 3e est de 1 mc. 093. Calculer combien de litres d'eau donnera la fusion de toute cette glace, en supposant que l'eau augmente de $\frac{1}{9}$ de son volume en passant de l'état liquide à l'état solide.

(Ardèche. — 1891. — Aspirants.)

88. Une maison vendue aux enchères a été adjugée pour 28000 fr. On demande la mise à prix, sachant qu'à la première enchère l'augmentation a été le $\frac{1}{5}$ de la mise à prix, qu'à la deuxième enchère l'augmentation a été le $\frac{1}{4}$ de cette mise à prix, et qu'à la troisième enchère l'augmentation a été le $\frac{1}{20}$ de l'enchère précédente.

(Hautes-Alpes. — 1891. — Aspirants.)

89. Deux institutrices reçoivent des appointements dont l'ensemble s'élève pour l'année à 2450 fr. L'une dépense les $\frac{4}{5}$ de ce qu'elle gagne, et l'autre les $\frac{13}{19}$, après quoi il leur reste à chacune la même somme. On demande ce que chacune d'elles a gagné dans l'année.

(Corse. — 1891. — Aspirantes.)

90. Une institutrice a dépensé, pendant une année, les $\frac{2}{3}$ de son traitement net (déduction faite de la retenue) pour sa nourriture et son entretien. Elle a employé le reste à payer la pension d'une jeune sœur; mais à la fin de l'année, il lui a manqué 95 fr., qu'elle a dû emprunter.

L'année suivante, elle réduit ses dépenses à la moitié de ce même traitement. Elle peut alors payer en entier la pension de sa sœur et rembourser la somme qu'elle avait empruntée.

On demande : 1° quel est le traitement brut de cette institutrice, sachant qu'il subit, comme celui de tous les fonctionnaires, une retenue de 5 p. 0/0; 2° quel est le prix de la pension de sa jeune sœur.

(Drôme. — 1891. — Aspirantes.)

91. Un propriétaire a réalisé un bénéfice de 7321 fr. 35 sur son exploitation agricole en cultivant les $\frac{3}{7}$ de ses terres en blé, les $\frac{3}{8}$ en avoine, et le reste, composé de 20 ha. 17 a. 3 ca., en betteraves. On demande ce qu'il a gagné par hectare sur chaque espèce de récolte, sachant que si l'on représente par

2.

l le bénéfice donné par un hectare de betteraves, les bénéfices produits par un hectare de blé et par un hectare d'avoine sont représentés respectivement par les nombres $\frac{3}{4}$ et $\frac{7}{9}$.

(Haute-Marne. — 1893. — *Aspirants*.)

92. A la rentrée des classes le cours supérieur d'une école comprenait le $\frac{1}{4}$ de l'effectif total, le cours moyen les $\frac{7}{20}$, et le cours élémentaire le reste; six mois après l'effectif était doublé : le cours supérieur comprenait alors le $\frac{1}{5}$ du nouvel effectif, le cours moyen les $\frac{3}{8}$, et le cours élémentaire le reste. Sachant qu'à ce moment le cours supérieur comprenait 15 élèves de plus qu'à la rentrée des classes, on demande quels étaient aux deux époques les effectifs de chaque cours.

(Côtes-du-Nord. — 1893. — *Aspirants*.)

93. Calculer la valeur de la somme que possède une personne, sachant que si elle dépense d'abord les $\frac{2}{3}$ de cette somme et ensuite les $\frac{5}{7}$ du reste, la somme en pièces d'argent qui lui reste en dernier lieu pèse autant que 3 lit. 13 d'eau distillée.

(Corrèze. — 1893. — *Aspirantes*.)

94. Une somme de 1800 fr. a été partagée inégalement entre deux personnes. La première dépense les $\frac{3}{5}$ de sa part, et la seconde les $\frac{3}{4}$ de la sienne. Il reste alors à la première deux fois plus d'argent qu'à la deuxième. Trouver la part de chacune d'elles.

(Pas-de-Calais. — 1893. — *Aspirants*.)

2° SYSTÈME MÉTRIQUE. —
MESURE DES SURFACES ET DES VOLUMES.

95. Un marchand a acheté 212 hectol. de blé pour 4134 fr. En le revendant à 29 fr. 30 le quintal métrique, il réalise un bénéfice de 7 p. 0/0 sur le prix d'achat. On demande de calculer à un hectogramme près le poids moyen de l'hectolitre.

(Pyrénées-Orientales. — 1891. — Aspirantes.)

96. Un marchand a acheté 900 hectol. de blé. Il en revend 370 avec un bénéfice de 8 p. 0/0, et les 530 autres avec un bénéfice de 12 p. 0/0. S'il avait revendu les 900 hectol. avec un bénéfice uniforme de 10 p. 0/0, il aurait gagné 70 fr. 40 de moins.

Quel prix avait-il acheté l'hectolitre de blé?

(Ille-et-Vilaine. — 1891. — Aspirants.)

97. Un négociant achète en Espagne 3 000 cantaras de vin, à raison de 11 fr. le cantara (mesure espagnole). Il le revend avec un bénéfice de 10 p. 0/0 à une maison anglaise. On demande : 1° le bénéfice total; 2° le prix du gallon (mesure anglaise); 3° le nombre de gallons, sachant que 120 gallons valent 545 lit. 16, et que 15 cantaras valent 242 litres.

(Pyrénées-Orientales. — 1891. — Aspirants.)

98. On a acheté pour 780 fr. 60 de chocolat. On l'a revendu 3 fr. 83 le kilogramme, avec une perte de $4\frac{1}{4}$ p. 0/0.

Le nouvel acheteur revend à son tour pour 200 francs le quart de ce qu'il a acheté et le reste à raison de 3 fr. 90 le kilogramme. D'après cela, on demande :

1° Combien on a acheté primitivement de kilogrammes de chocolat?

2° Quel est le bénéfice total du vendeur et combien a-t-il gagné pour 100 sur ce qu'il avait acheté?

Vérifier le résultat trouvé pour le bénéfice total.

(Tarn-et-Garonne. — 1893. — Aspirantes.)

99. Un marchand tailleur achète du drap à 15 fr. 60 le mètre, avec escompte de 3 p. 0/0; il en fabrique des pantalons dont la façon lui revient à 2 fr. 25 et les autres fournitures à 1 fr. 45 la pièce.

Combien doit-il vendre chaque pantalon pour gagner 15 p. 0/0? Il faut en moyenne 1 m. 35 pour chaque pantalon, non compris $\frac{1}{10}$ de déchet sur la marchandise employée.

(Allier. — 1893. — Aspirantes.)

100. Un marchand a acheté 12 barils d'huile contenant chacun 110 litres, à raison de 175 fr. les 100 kilog.; il paye 4 fr. 60 pour le transport de chaque baril.

L'huile d'un baril se trouve gâtée et ne peut être vendue qu'à raison de 0 fr. 90 le kilogramme.

On demande combien le marchand doit vendre au détail le kilogramme de l'huile qui reste pour gagner, tout compte fait, 10 p. 0/0 sur le prix total de revient. L'hectolitre d'huile pèse 92 kilogrammes.

(Ariège. — 1893. — Aspirants.)

101. Une personne a acheté pour 2 927 fr. 35 de fer et a perdu $4\frac{1}{4}$ p. 0/0 en le revendant à un marchand à raison de 0 fr. 24 le kilog. Le marchand revend à son tour pour 800 fr. les $\frac{2}{7}$ de ce qu'il a acheté, et le reste à raison de 0 fr. 27 le kilog. On demande :

1° Combien la personne a acheté de quintaux de fer;
2° Le gain total fait par le marchand;
3° Ce qu'il a gagné pour 100.

(Somme. — 1893. — Aspirants.)

102. Combien faut-il acheter de mètres de doublure pour doubler un tapis de 1 m. 75 de long sur 1 m. 40 de large, sachant que la doublure a une largeur de 0 m. 80? Quelle sera la dépense, si l'étoffe de la doublure coûte 1 fr. 25 le mètre, et si l'on veut encore border ce tapis tout autour avec une tresse qui coûte 0 fr. 40 le mètre?

(Départements de l'Académie de Montpellier. — 1891. — Aspirantes.)

103. Pour faire des rideaux, on emploie 6 m. 40 d'une certaine étoffe; on les double avec une autre étoffe de même largeur, mais dont la valeur n'est que les $\frac{9}{10}$ de la première. L'acheteur payant comptant, il lui est fait une remise de 12,5 p. 100, ce qui fait qu'il ne donne au marchand que 55 fr. 65. Quel est le prix marqué de chacune des deux étoffes?

(Oran. — 1893. — Aspirantes.)

104. On se propose de doubler un tapis rectangulaire de 4 m. de long sur 3 m. 60 de large. On dispose à cet effet de deux sortes de doublures, dont l'une a 0 m. 60 de large et l'autre 0 m. 90. La première se vend 0 fr. 95 le mètre et la deuxième 1 fr. 20. On emploie celle de ces doublures qui offre le plus d'avantage; de plus, on borde le tapis avec de la bordure valant 0 fr. 25 le mètre. Sachant que l'ouvrière est payée à raison de 0 fr. 15 par mètre de bordure, on demande à combien se montera la dépense totale.

(Morbihan. — 1891. — Aspirantes.)

105. Les dimensions d'une salle rectangulaire sont 4 m. 25 et 3 m. 75. On veut recouvrir le parquet d'un tapis distant de 0 m. 15 de chacun des 4 murs. La moquette employée a 0 m. 75 de largeur et vaut 12 fr. 75 le mètre courant. Le tapis est en outre doublé et bordé. La doublure vaut 0 fr. 75 le mètre, et sa largeur est les $\frac{4}{5}$ de celle de la moquette. La bordure vaut 2 fr. 50 la pièce de 50 m. Sachant en outre que la façon a été payée 3 fr. 75, on demande : 1° le prix de revient du tapis; 2° le prix moyen du mètre carré.

(Dordogne. — 1893. — Aspirantes.)

106. Un bassin régulier de 2 m. 40 de hauteur est alimenté à sa partie supérieure par un robinet qui le remplirait en 2 h. $\frac{1}{2}$. Ce bassin est muni de 2 robinets d'écoulement, placés l'un à 0 m. 40 du fond, l'autre à 1 m. 40. Le premier, celui du bas, viderait, coulant seul, la partie du bassin comprise au-dessus de son orifice en 4 heures; l'autre, coulant seul, viderait la partie du bassin au-dessus de son orifice en

3 heures. On demande combien il faudrait de temps pour remplir ce bassin supposé vide, tous les robinets étant ouverts.

(Lot-et-Garonne. — 1893. — Aspirants.)

107. Un bassin de forme rectangulaire a 2 m. 50 de longueur, 1 m. 20 de largeur et 0 m. 80 de profondeur. Un robinet le remplirait en 3 heures, et un autre en 8 heures.

Trouver dans combien de temps le bassin sera rempli si on les fait couler tous les deux à la fois, et le nombre d'hectolitres qu'aura fourni chaque robinet.

(Lozère. — 1893. — Aspirantes.)

108. Une lampe brûle en une heure 30 centilitres de pétrole à 0 fr. 45 le litre; bien remplie, elle dure allumée 9 h. 37 m.; on demande de calculer :

1° La capacité de la lampe en décimètres cubes et centimètres cubes, et la valeur du pétrole nécessaire pour la remplir;

2° La quantité et la valeur du pétrole brûlé depuis le 15 octobre inclusivement jusqu'au 15 mars inclusivement, à raison de 4 h. 23 min. par jour en moyenne;

3° Le nombre de fois qu'on a dû remplir la lampe, en admettant qu'on attende toujours qu'elle soit complètement vide pour la remplir de nouveau, et ce qui reste de pétrole dans la lampe, à la fin de la dernière soirée.

(Loire-Inférieure. — 1893. — Aspirantes.)

109. Une lampe modérateur dépense 28 gr. d'huile par heure et donne une lumière égale à celle de 6 bougies environ. L'huile vaut 1 fr. 55 le kilog.; la mèche et l'entretien coûtent 0 fr. 004. 485 grammes de bougie donnent 50 heures d'éclairage et coûtent 0 fr. 90.

D'après ces données, a-t-on avantage à se servir de la lampe modérateur? De combien par heure?

Une personne qui n'aurait besoin que de la lumière donnée par une bougie perdrait-elle en faisant usage d'une lampe modérateur? Combien par heure?

(Saône-et-Loire. — 1893. — Aspirants.)

110. Un jardin de forme rectangulaire a 72 m. 50 de long et 48 m. 50 de large. On y trace, au milieu, deux allées parallèles aux deux dimensions. Chacune de ces allées a 2 m. 50 de largeur. Trouver :

1° La superficie totale du jardin ;

2° La superficie des 4 plates-bandes et celle des allées ;

3° La valeur du jardin si le mètre carré s'est vendu 0 fr. 80 ;

4° Ce que doit rapporter un are de la partie mise en culture pour que ce jardin donne un revenu annuel de 3 p. 0/0.

(Hautes-Pyrénées. — 1893. — Aspirants.)

111. Un propriétaire a un champ de forme rectangulaire de 150 m. de base et de 46 m. de hauteur. En vue de l'amender, il y a fait transporter du sable, qui a été répandu suivant une couche d'épaisseur uniforme dans toute l'étendue du champ. Le transport s'est fait au moyen d'un tombereau de $1 \text{ mc}.\frac{2}{3}$ de capacité. Le prix de transport était de 0 fr. 10 par tombereau et le prix du sable de 0 fr. 60 le mètre cube. Il a fallu en outre pour répandre le sable 8 journées d'homme à 3 fr. l'une. Sachant que la dépense totale a été de 313 fr. 80, on demande quelle était l'épaisseur de la couche de sable.

(Gironde. — 1893. — Aspirants.)

112. Une personne possédant un champ rectangulaire hérite d'un second champ rectangulaire, de 3376 mq. 192 de surface, dont la longueur est les $\frac{2}{5}$ de la longueur du premier, et dont la largeur est les $\frac{2}{3}$ de la largeur du premier.

Quelle est la surface du premier champ, et quel revenu annuel rapporterait la vente des deux champs réunis, au prix de 25 fr. l'are, si on plaçait la somme produite par la vente au taux de 4 p. 0/0 ?

(Corrèze. — 1893. — Aspirantes.)

113. Une personne vend une propriété dont la superficie est de 37 ares 49. L'acheteur en payant comptant obtient un rabais de 3 p. 0/0 sur le prix convenu et paye le reste les $\frac{3}{4}$

en monnaie d'or et $\frac{1}{4}$ en monnaie d'argent. Sachant que le vendeur a reçu 12 kilog. 15 de monnaie, on demande quel était le prix du mètre carré de la propriété.

(Aisne. — 1893. — *Aspirants.*)

114. Pour faire équilibre à un vase plein d'huile, on met sur le plateau d'une balance 620 fr. en or et 100 fr. en argent. On remplace l'huile par du lait, et il faut alors ajouter pour rétablir l'équilibre 1 fr. 65 en billon à l'or et à l'argent qui étaient déjà sur le plateau. Sachant que la densité de l'huile est 0,915 et celle du lait 1,05, on demande la capacité du vase.

(Var. — 1891. — *Aspirantes.*)

115. D'un vase rempli aux $\frac{3}{4}$ d'alcool on retire 75 centil. de ce liquide. On met alors ce vase dans un des plateaux d'une balance et on lui fait équilibre en mettant dans l'autre plateau une somme de 130 fr. en monnaie d'argent. On demande quelle est la contenance de ce vase. Le poids du vase vide est de 25 décag., et celui de l'alcool est les $\frac{82}{100}$ du poids de l'eau sous le même volume.

(Aisne. — 1893. — *Aspirantes.*)

116. La toile écrue perd au blanchissage 15 p. 0/0 de sa longueur. Un marchand qui avait acheté 10 pièces de toile écrue les revend après le blanchissage au prix de 2 fr. 70 le mètre et retire du tout une somme de 678 fr. 645, y compris un bénéfice de 72 fr. 46.

Quel était le prix d'achat du mètre de toile écrue?

(Ardèche. — 1891. — *Aspirants.*)

117. Une ménagère a deux pièces de toile de même qualité dont l'une a 7 m. 80 de plus que l'autre, et qui lui coûtent ensemble 87 fr. Sachant qu'avec la plus petite elle a pu faire 9 chemises qui lui reviennent à 3 fr. 75 l'une (façon non comprise), on demande quel est le prix du mètre et quelle est la longueur de chaque pièce.

(Finistère. — 1891. — *Aspirantes.*)

118. Une pièce de drap a été achetée 291 fr. 60. On en a revendu le $\frac{1}{3}$ au prix coûtant, et le reste avec un bénéfice de 1 fr. 25 par mètre. On a ainsi retiré 318 fr. 60 de la pièce.

Calculer la longueur de la pièce et le prix d'achat par mètre.

(Jura. — 1893. — *Aspirantes.*)

119. On doit employer 100 fr. en achat de bois de chauffage. On demande s'il vaut mieux, pour en avoir la plus grande quantité possible, acheter du bois à 22 fr. le stère ou le même bois à 55 fr. les 1 000 kilog. On sait que la densité du bois est 0,86 et qu'un stère de bois empilé ne fait, à cause des vides, que les $\frac{5}{11}$ d'un mètre cube.

(Indre-et-Loire. — 1893. — *Aspirantes.*)

120. Un vase renferme 0 lit. 45 d'eau salée; on retire les $\frac{2}{5}$ de la dissolution; on les remplace par un poids égal d'eau. Faisant évaporer 0 lit. 16 de la nouvelle dissolution, on en retire 48 gr. de sel. Quel poids de sel renfermait la dissolution primitive?

(Mayenne. — 1891. — *Aspirants.*)

121. La pièce bordelaise a une contenance de 225 litres et pèse 250 kilog. quand elle est remplie de vin. Les frais de transport de Bordeaux à Paris comprennent, outre 5 fr. 40 de déboursés divers, une taxe de 37 fr. par tonne. Les droits d'entrée s'élèvent à 18 fr. 90 par hectol. de vin. Un particulier, à qui le vendeur a accordé un escompte de 2 p. 0/0, a déboursé 174 fr. 75 pour une pièce. Quel est le prix de l'hectolitre pris chez le vigneron?

(Côte-d'Or. — 1894. — *Aspirants.*)

122. Deux fûts de vin de même qualité ont coûté ensemble 129 fr.

L'un de ces fûts contient 70 litres de plus que l'autre. On retire du plus petit 225 bouteilles de vin, dont chacune revient à 0 fr. 24.

On demande : 1° la contenance de chaque fût; 2° le prix du litre; 3° la capacité d'une bouteille.

(Vérification.)

(Drôme. — 1891. — *Aspirants.*)

123. Un vase vide pèse 260 gr.; plein d'huile, il pèse
1 180 gr., et plein d'eau, 1 290 gr. Quelle est sa capacité, et
quel est le poids d'un litre d'huile?

(Gard. — 1891. — Aspirantes.)

124. Un magasin est éclairé par 25 becs, brûlant chacun
140 litres de gaz par heure, et qui restent allumés 5 heures
par jour. Sachant que le gaz d'éclairage pèse, à volume égal,
les 0,97 du poids de l'air, et qu'un litre d'air pèse 1 gr. 293,
on demande le poids du gaz brûlé en un mois et la dépense
par mois, si le gaz coûte 0 fr. 33 le mètre cube.

(Meurthe-et-Moselle. — 1891. — Aspirantes.)

125. Un champ de 2 hectares 40 est loué 75 fr. l'hectare.
Les frais de labour et d'engrais sont de 50 fr. par hectare.
Les frais de moisson et de battage sont de 6 fr. par 100 gerbes
de blé fournissant 3 quintaux de grain. Le blé valant 19 fr. 80
le quintal, combien le champ doit-il produire de gerbes à
l'hectare pour laisser un bénéfice total de 212 fr. 64?

(Mayenne. — 1891. — Aspirants.)

126. On admet : 1° que le poids de l'hectol. de blé est de
75 kilog.; 2° qu'il faut 3 hectol. 12 de blé pour donner un sac
de farine pesant net 157 kilog.; 3° que d'un sac de farine on
peut tirer 68 pains de 3 kilog.

Cela posé, on demande : 1° quel poids de farine et quel
poids de pain on peut tirer d'un kilog. de blé; 2° combien il
faut de kilog. de blé et de kilog. de farine pour produire
1 kilog. de pain; 3° combien le blé perd pour 100 de son
poids en passant à l'état de pain.

(Isère. — 1891. — Aspirantes.)

127. Un adulte consomme environ 750 gr. de pain par
jour; en admettant 75 kilog. pour le poids de l'hectol. de blé
et un rendement de 72 p. 100 en farine, et enfin un rendement
de 133 p. 100 en convertissant la farine en pain, on demande,
d'après ces données : 1° le nombre de litres de blé nécessaire
à un adulte pour sa consommation annuelle en pain; 2° quelle
somme représenterait cette nourriture à raison de 0 fr. 32 le
kilog. de pain.

(Haute-Marne. — 1891. — Aspirants.)

128. On consomme dans une ferme, en moyenne, 6 kilog. 5 de pain par jour. Le sac de farine de 157 kilog. vaut 45 fr., et 100 kilog. de farine donnent 125 kilog. de pain. On cuit 40 fois dans l'année, et chaque fournée exige les $\frac{2}{9}$ d'un quintal de bois qui vaut 4 fr. 25, plus une main-d'œuvre estimée 2 fr.

Calculer : 1° le poids de farine employée à chaque fournée ; 2° la dépense totale annuelle ; 3° le prix de revient d'un kilog. de pain.

(Côte-d'Or. — 1893. -- Aspirantes.)

129. Un voyageur de commerce, dont les appointements sont de 1 500 fr. par an, touche en plus une indemnité de 9 fr. par jour de tournée et un bénéfice de 1,5 p. 0/0 sur les commissions qu'il prend. Il calcule que dans une tournée, où le chiffre de ses commissions s'est élevé à 26 600 fr., et où sa dépense quotidienne a été de 16 fr. 25, il a économisé 257 fr. 70. Combien de jours avait duré cette tournée ?

(Savoie et Haute-Savoie. — 1894. -- Aspirants.)

130. Une personne achète 20 kilog. de groseilles pour faire des confitures. On demande combien elle devra employer de sucre et combien elle obtiendra de kilog. de confitures, sachant : 1° qu'il faut 830 gr. de sucre par litre de jus ; 2° que 7 kilog. de groseilles rendent 5 lit. de jus ; 3° que 1 lit. de jus pèse 970 gr. et perd $\frac{1}{8}$ de son poids par la cuisson.

(Côte-d'Or, Creuse, Isère, Vaucluse. — 1893 et 1894. —
Aspirantes.)

131. Une ferme a une superficie totale de 120 hectares, dont les $\frac{80}{100}$ sont en terres labourables. Le tiers de ces terres labourables a été ensemencé en blé ; un autre tiers en avoine. La récolte par hectare, dans la partie ensemencée en blé, a été de 16 hectol. de blé et 3 680 kilog. de paille ; dans la partie ensemencée en avoine, la récolte a été de 36 hectol. d'avoine et de 3 200 kilog. de paille.

Trouver la valeur de la récolte sur chacune de ces deux portions de terrain, sachant d'autre part : 1° que 159 kilog.

de blé se vendent en moyenne 38 fr. 16, et 159 kilog. d'avoine 28 fr. 62; 2° qu'à poids égal, le prix de la paille de blé est les $\frac{3}{4}$ du prix du blé, et celui de la paille d'avoine, les $\frac{5}{6}$ du prix de l'avoine.

L'hectol. de blé pèse 75 kilog., et l'hectol. d'avoine 45 kilog.

(Corrèze. — 1893. — *Aspirants.*)

132. La densité du mercure étant 13,57, on en remplit aux $\frac{2}{3}$ un vase rectangulaire dont les dimensions sont 0 m. 17, 0 m. 14 et 0 m. 09. Calculer à un centil. près le volume d'eau dont le poids serait égal à celui du mercure.

(Indre. — 1893. — *Aspirantes.*)

133. Une personne achète deux terrains qui lui coûtent ensemble 29 988 fr. Les $\frac{2}{5}$ du prix du premier égalent les $\frac{4}{5}$ du prix du deuxième. On demande : 1° le prix de chaque terrain; 2° la surface du deuxième terrain, sachant que le premier est un trapèze ayant pour bases 127 m. et 83 m., et pour hauteur 42 m., et qu'un hectare du premier terrain coûte 4 000 fr. de plus qu'un hectare du deuxième.

(Loire. — 1893. — *Aspirants.*)

134. Un propriétaire revend à raison de 5 fr. 40 les 6 mq. un terrain qu'il a acheté à raison de 972 fr. les 13 ares; il gagne ainsi 1 782 fr. On demande la contenance du terrain et le prix d'achat.

(Ille-et-Vilaine. — 1891. — *Aspirantes.*)

135. On entoure un terrain de 52 m. 50 de long sur 37 m. 50 de large d'un treillis de fil de fer de 1 m. 20 de hauteur, valant 2 fr. 75 le mq. Aux quatre angles et tous les 7 m. 50, on met des supports en fer pesant 4 kilog. $\frac{1}{2}$ et coûtant 320 fr. la tonne. La main-d'œuvre coûte 0 fr. 25 par mètre courant. Quelle somme totale a-t-on dépensée pour clore ce terrain?

(Bouches-du-Rhône. — 1891. — *Aspirants.*)

136. On a acheté un jardin pour 2 320 fr. à 3 200 fr. l'hectare. La largeur de ce jardin égale 58 mètres. Quel sera le prix d'une palissade entourant le jardin à raison de 4 fr. 50 le mètre courant?

(Somme. — 1893. — *Aspirantes.*)

137. On convertit 1 000 000 de francs en pièces de 5 fr. en argent au titre de 0,900, en monnaie divisionnaire au titre de 0,835. Les frais de fabrication, y compris le prix du cuivre introduit, s'élèvent à 1 fr. 80 par kilog. d'argent monnayé nouveau. Quel est le bénéfice produit par une telle transformation?

(Alpes-Maritimes. — 1891. — *Aspirantes.*)

138. On sait que 3 hectol. $\frac{1}{4}$ de colza donnent 1 hectol. d'huile et 96 kilog. de tourteau. Les frais de fabrication d'un hectol. d'huile s'élèvent à 2 fr. 15. Le prix du tourteau est de 16 fr. 45 par quintal métrique. Sachant qu'un litre d'huile pèse 0 kilog. 947, on demande combien on devra payer l'hectolitre de colza pour que la vente de l'huile au prix de 1 fr. 48 le kilog. procure un bénéfice de 2 fr. 40 par hectol. de colza.

(Yonne. — 1893. — *Aspirants.*)

139. Un propriétaire a 18 quintaux de blé à vendre, et on lui offre 27 fr. 75 par quintal métrique; ayant refusé cette offre, il ne peut se défaire de son blé que sept mois et demi plus tard à 25 fr. 60; à cette époque, son blé s'est desséché et a perdu 2 $\frac{1}{2}$ p. 0/0 de son poids. Combien ce propriétaire a-t-il perdu par quintal et sur le tout en refusant cette offre? On tiendra compte de l'intérêt de l'argent à 3 fr. $\frac{3}{4}$ p. 0/0.

(Dordogne. — 1893. — *Aspirants.*)

3° RAPPORTS ET PROPORTIONS. —
RÈGLE DE TROIS.

140. Un atelier occupe 35 ouvriers ou ouvrières partagés en équipes comprenant chacune 4 hommes, 2 femmes et 1 enfant. Chaque mois de 25 jours de travail, le maître de l'atelier paye pour les journées 4 250 fr. On sait que la valeur de la journée de l'homme, la valeur de la journée de la femme et celle de la journée de l'enfant sont comme les nombres 3, 2 et 1.

Quel est le montant de la journée d'un homme, celui de la journée d'une femme et celui de la journée d'un enfant?

(Hérault. — 1891. — Aspirantes.)

141. Dans une grande usine, on emploie des enfants, des femmes et des hommes. Le nombre des enfants est à celui des femmes comme 3 est à 8; celui des femmes est à celui des hommes comme 2 est à 3. Le salaire de chaque catégorie d'ouvriers est dans les mêmes proportions.

Sachant que le salaire journalier d'un enfant est de 0 fr. 90, et que le nombre des absences journalières est en moyenne de $\frac{1}{4}$ pour les enfants, $\frac{1}{6}$ pour les femmes et $\frac{1}{8}$ pour les hommes, on demande combien on emploie d'ouvriers de chaque catégorie si le salaire total journalier est de 9 378 fr. 60 en défalquant les absences.

(Lot-et-Garonne. — 1893. — Aspirants.)

142. On donne 4 fr. 80 à un ouvrier par journée de travail, mais on lui retient 1 fr. 50 par jour qu'il chôme. Au bout de 30 jours, il reçoit 106 fr. 20. Pendant combien de jours a-t-il travaillé?

(Haute-Saône. — 1893. — Aspirants.)

143. Un ouvrier peut transporter en brouettes et par jour 800 kilog. à 1 kilom. Le prix de la journée est de 3 fr. 25. On demande combien coûteront 500 mc. de terre transportés à 17 mètres, sachant que le mètre cube de terre pèse 1 600 kilog.

(Hérault. — 1893. — Aspirants.)

144. Deux ouvriers ont à creuser un fossé, large de 1 m. 80 à l'ouverture, de 1 m. 20 au fond, profond de 0 m. 80 et long de 84 m. 50. Le premier met 4 h. 20 m. et le second 5 h. 12 m. pour creuser un mètre cube.

Dans combien de temps auront-ils creusé le fossé en travaillant ensemble, et combien leur reviendra-t-il à chacun, s'ils sont payés à proportion de leur travail?

Le prix du mètre courant est de 1 fr. 10.

(Allier. — 1893. — *Aspirants.*)

145. Deux ouvriers font en 3 jours un ouvrage qu'on leur paye 46 fr. Le premier travaille de manière à faire seul cet ouvrage en 5 jours $\frac{3}{4}$. Dire d'après cela quelle est la part de chaque ouvrier dans l'ouvrage accompli, et ce qu'il a gagné par jour.

(Maine-et-Loire. — 1891. — *Aspirants.*)

146. Deux ouvriers, de force inégale, travaillent à un même ouvrage qu'ils peuvent faire ensemble en 12 jours. Au bout de 4 jours de travail, le plus habile tombe malade; l'autre achève alors l'ouvrage en 18 jours. Combien chacun d'eux, travaillant seul, aurait-il mis de temps pour faire l'ouvrage entier?

(Côtes-du-Nord. — 1891. — *Aspirantes.*)

147. Dix ouvriers employés au pavage d'une rue feraient 50 m. en 8 jours, en travaillant 9 h. par jour. Après 3 jours, deux d'entre eux tombent malades. Combien de jours mettront les autres s'ils réduisent à 7 le nombre des heures de travail par jour, après le départ des deux premiers ouvriers?

(Départements de l'Académie de Paris, excepté la Seine. — 1891. — *Aspirants.*)

148. Un minerai contient 19 p. 0/0 de son poids de plomb; on traite ce minerai dans une usine et l'on perd dans l'opération les 14 p. 0/0 de tout le poids de plomb que le minerai renferme.

Calculer à 1 kilog. près quel poids de minerai il faudra prendre si l'on veut obtenir pour 20 000 fr. de plomb, sachant que le plomb vaut 55 fr. les 100 kilog.

(Creuse. — 1893. — *Aspirants.*)

149. Un cafetier paye le café en grains 4 fr. 80 le kilog. Le café brûlé et moulu perd 20 p. 0/0 de son poids primitif. Sachant que sur une tasse de café qu'il vend 0 fr. 30 et pour laquelle il fournit 0 fr. 06 de sucre, il gagne 0 fr. 15, on demande le poids de café moulu qu'il emploie pour une tasse.

(Finistère. — 1893. — Aspirants.)

150. Un fabricant de sucre vend à un épicier une certaine quantité de sucre à 105 fr. les 100 kilog.; il doit recevoir en payement 80 kilog. de café et 2 520 fr. en argent. Il ne peut fournir que $\frac{4}{7}$ de la quantité de sucre qu'il a vendue, et il reçoit en payement les 80 kilog. de café et 1 320 fr. en argent.

Combien de kilog. de sucre le fabricant devait-il fournir, et quel est le prix du kilog. de café?

(Haute-Saône. — 1893. — Aspirants.)

151. On paye 26 837 fr. pour l'achat de trois champs. Le prix du 1er égale 5 fois et demie le prix du 2e, et le prix de celui-ci est les $\frac{3}{4}$ du prix du 3e.

Calculer le prix de chaque champ et sa contenance, ce terrain valant 5 710 fr. l'hectare.

(Basses-Alpes. — 1894. — Aspirants.)

152. Deux villes, Poitiers et Blois, sont distantes de 17 myriamètres. Le quintal d'avoine coûte 20 fr. à Poitiers et 21 fr. 50 à Blois. Les frais de transport par quintal et par kilomètre sont de 0 fr. 035.

Déterminer entre les deux villes le point où l'avoine coûtera le même prix, qu'on la prenne à Poitiers ou à Blois.

(Vienne. — 1893. — Aspirantes.)

153. Deux piétons partent d'un même point, l'un à 6 h. 40, l'autre à 7 h. $\frac{1}{2}$ du matin, et vont dans le même sens. Le premier fait 90 pas à la minute et le second 95. Mais tandis que 1 200 pas du premier représentent 1 020 mètres, 1 200 pas du second n'en représentent que 960.

On demande, d'après cela, de calculer à quelle heure les deux piétons seront distants de 4 kilomètres.

(Vérifier le résultat obtenu.)

(Tarn-et-Garonne. — 1893. — *Aspirants.*)

154. Trois personnes ayant à parcourir 65 kilom. s'entendent avec deux autres qui ont à faire 23 kilom. sur la même route, pour louer une voiture à frais communs. On leur demande pour cette voiture 28 fr. 50. Que doit chaque personne, en proportion des distances parcourues?

(Vosges. — 1891. — *Aspirants.*)

155. Une voiture part avec une vitesse de 11 kilom. 7 à l'heure; 2 h. 45 min. après, on envoie à sa poursuite un courrier faisant 295 m. à la minute. A quelle distance du point de départ aura lieu la rencontre?

(Somme. — 1893. — *Aspirants.*)

156. Les voyageurs en chemin de fer payent par kilomètre en première classe 0 fr. 11, en deuxième classe 0 fr. 075 et en troisième classe 0 fr. 055. Trois personnes voyageant, l'une en première classe, la seconde en deuxième classe et la dernière en troisième classe, ont payé ensemble 29 fr. 85. Trouver à quelle distance du point de départ chacune d'elles devait descendre, sachant que le nombre de kilom. parcourus par la seconde est les $\frac{3}{5}$ de celui des kilom. parcourus par la première, et que la troisième a parcouru les $\frac{4}{3}$ du trajet de la seconde.

(Nièvre. — 1893. — *Aspirants.*)

157. Un train de chemin de fer part à midi d'un point A pour arriver à un point B. Un autre train part également à midi pour aller du point B au point A. Ces deux trains se rencontrent à 3 h. 30 min. du soir dans une gare intermédiaire. On demande l'heure à laquelle chaque train arrivera à destination, sachant que le premier marche avec une vitesse moyenne de 60 kilom. à l'heure, et le second avec une vitesse moyenne de 50 kilom. à l'heure.

(Hérault. — 1893. — *Aspirantes.*)

3.

158. Un train de chemin de fer part à 10 heures du matin de Paris pour Boulogne-sur-Mer ; il doit mettre 7 h. 10 pour parcourir les 254 kilom. qui séparent ces deux villes. On veut qu'un second train, partant de Paris 1 h. 20 min. après celui-ci, le rattrape à Amiens, c'est-à-dire à 131 kilom. de Paris. Combien ce second train devra-t-il faire de kilom. à l'heure ?

(Isère. — 1891. — Aspirantes.)

159. Un champ rectangulaire a un périmètre de 1 086 m. 80 ; ses deux dimensions sont proportionnelles aux nombres 84 et 125. Parallèlement au grand côté, on creuse à l'aide d'une charrue traînée par un cheval des sillons espacés de 0 m. 65 les uns des autres ; la vitesse moyenne du cheval est de 3 kilom. à l'heure ; le temps perdu au bout de chaque sillon pour le retournement de la charrue est les $\frac{2}{5}$ du temps employé à creuser le sillon ; on compte en outre une heure avant le commencement et une heure après la fin pour amener et emmener la charrue ; on paye 7 fr. par jour (la journée de travail de 10 heures) au laboureur, pour lui, le cheval et la charrue ; une journée commencée est comptée comme journée complète si le temps employé dépasse 5 heures, comme demi-journée dans le cas contraire.

Cela posé, on demande de calculer : 1° les dimensions du champ et sa superficie ; 2° le temps évalué exactement en heures, minutes et secondes à payer au laboureur ; 3° le prix dû pour ce travail ; 4° la quantité dont ce prix eût été augmenté si les sillons avaient été creusés parallèlement aux petits côtés du champ ; 5° le prix de revient par hectare dans le premier cas.

(Loire-Inférieure. — 1893. — Aspirants.)

4° INTÉRÊT. — ESCOMPTE. — RENTE. — BANQUE, ETC.

160. La fortune d'une personne se compose de deux capitaux : l'un de 57 450 fr., l'autre de 84 250 fr., qui lui procurent ensemble un revenu de 5 400 fr.

Sachant que l'intérêt du premier capital surpasse, en trois ans, de 1 035 fr. l'intérêt du second capital pendant la même durée, on demande à quels taux les deux sommes ont été placées?

(Morbihan. — 1891. — Aspirantes.)

161. Une somme de 4 856 fr. 75 a été placée pendant une première période de temps à $4\frac{1}{5}$ p. 0/0, et pendant une seconde période à $3\frac{1}{2}$ p. 0/0; l'intérêt rapporté a été le même pour chacune des périodes; la durée totale des deux périodes réunies a été de 4 ans 3 mois 14 jours. Calculer la durée de chacune des périodes et la valeur commune de l'intérêt rapporté dans chacune d'elles.

(Loire-Inférieure. — 1891. — Aspirantes.)

162. Une personne place le $\frac{1}{3}$ de sa fortune à 2,8 p. 0/0, ce qui lui donne un revenu annuel de 1 456 fr. A quel taux doit-elle placer le reste pour avoir un revenu annuel dont le total soit de 4 680 fr.?

(Ille-et-Vilaine. — 1891. — Aspirantes.)

163. Un capitaliste prête au même taux deux sommes dont le total s'élève à 28 800 fr. La première somme lui rapporte 470 fr. 25 en neuf mois $\frac{1}{2}$; la deuxième, 390 fr. en 6 mois $\frac{2}{3}$. Trouver le montant de chacun de ces prêts et le taux auquel ils ont été effectués.

(Morbihan. — 1891. — Aspirants.)

164. Une personne dépose chez un notaire une certaine somme qui doit produire intérêt à 3 p. 0/0 l'an. Au bout de 16 mois, elle retire la somme et reçoit, capital et intérêts simples réunis, 6 656 fr. Quelle somme avait-elle déposée, et de combien la somme reçue serait-elle augmentée si le notaire avait capitalisé les intérêts du dépôt, à la fin du douzième mois, comme il serait rationnel de le faire?

(Côtes-du-Nord. — 1891. — Aspirantes.)

165. Un propriétaire achète une vigne de 125 ares qu'il a payée à raison de 1 875 fr. l'hectare. Cette vigne rapporte en moyenne 65 litres de vin par are, et ce vin se vend 35 fr. 75 l'hectol. Les frais de culture et d'impositions s'élèvent à 2 787 fr. 50 par an. On demande à quel taux le propriétaire a placé son argent.

(Meuse. — 1891. — Aspirants.)

166. Une personne possède 183 000 fr. Elle consacre une partie de cette somme à l'acquisition d'une maison; de plus, elle achète une propriété qui lui coûte les $\frac{5}{8}$ du prix de la maison. Elle place le reste, moitié à 5 p. 0/0, moitié à 4,50 p. 0/0, et ce placement lui procure une rente annuelle de 4 370 fr. On demande : 1° le prix d'achat de la maison; 2° celui de la propriété; 3° la somme placée à chaque taux.

(Morbihan. — 1891. — Aspirants.)

167. Une personne pouvant disposer d'une somme de 1 800 fr. en place une partie à 4,50 p. 0/0 et le reste à 5,75 p. 0/0. Au bout de 4 ans et 3 mois, elle retire 373 fr. 75 pour l'intérêt de son capital. Quelles sont les sommes placées à 4,50 et à 5,75 p. 0/0?

(Isère. — 1891. — Aspirants.)

168. Une personne place un certain capital à intérêts simples; au bout de 9 mois, ce capital, augmenté de ses intérêts, vaut 8 652 fr.; le même capital, placé dans les mêmes conditions, vaudrait, au bout de 15 mois, également avec ses intérêts, 8 820 fr. On demande le capital placé et le taux du placement.

(Nièvre. — 1891. — Aspirants.)

169. Une personne partage un capital en trois parts qui sont proportionnelles aux fractions $\frac{5}{6}$, $\frac{2}{5}$ et $\frac{8}{9}$. La troisième part, placée à 4 p. 0/0 et à intérêts simples pendant 2 ans et 7 mois, est devenue, augmentée de ses intérêts, 66 200 fr. — Calculer la valeur du capital.

(Côte-d'Or. — 1891. — Aspirantes.)

170. Deux capitaux qui sont entre eux comme les nombres 4 et 5 ont été placés : le plus petit pendant 4 années $\frac{1}{4}$ à 4 p. 0/0; l'autre pendant 2 années $\frac{1}{3}$ à 3 p. 0/0. L'intérêt produit par le premier a surpassé de 312 fr. l'intérêt produit par le second. Déterminer ces deux capitaux.

(Savoie et Haute-Savoie. — 1891. — Aspirantes.)

171. On veut faire avec 15 000 fr. trois placements, qui placés, le premier à 3 p. 0/0, le second à 3,25 p. 0/0, le troisième à 3,50 p. 0/0, produisent le même revenu. Quel doit être le montant de chacun de ces placements?

(Savoie et Haute-Savoie. — 1891. — Aspirants.)

172. On place à 4 p. 0/0 les $\frac{4}{5}$ d'un capital et le reste à 5 p. 0/0. L'intérêt que l'on retire annuellement est alors de 9 240 fr. On demande le montant du capital placé et l'augmentation de revenus qu'on réaliserait si on plaçait ce capital à 5 p. 0/0.

(Basses-Alpes. — 1891. — Aspirantes.)

173. Deux personnes ont le même revenu : la première en épargne chaque année $\frac{1}{12}$; la seconde, qui dépense par an 450 fr. de plus que la première, se trouve avoir au bout de 5 ans 1 000 fr. de dettes.

Calculer le revenu de ces personnes et le montant total des épargnes de la première au bout de 5 ans.

(Var. — 1891. — Aspirants.)

174. De deux négociants le premier fait par an 1 246 180 fr. d'affaires, le second en fait pour 2 187 000 fr. Le premier gagne 9 p. 0/0 et le second 11 p. 0/0 sur le montant total de leurs affaires. Le premier consacre $4\frac{1}{2}$ p. 0/0 de son bénéfice à l'entretien de sa maison, et le second $3\frac{1}{4}$ p. 0/0. Les deux négociants mettent de côté ce qu'ils n'emploient pas à leurs dépenses personnelles. — On demande au bout de combien de temps (années, mois et jours) le second aura 322 000 fr. de plus que le premier.

(Tarn-et-Garonne. — 1893. — Aspirants.)

175. Un commerçant a acheté des marchandises pour 1 875 fr.; il paye comptant et profite d'un escompte de 3 p. 0/0. Quatre mois après, il vend à trois mois de crédit les mêmes marchandises pour 1 960 fr. Les frais d'emmagasinage et autres qu'il a payés le jour où il a revendu ses marchandises se sont élevés à 17 fr. 50. Combien a-t-il gagné pour 100 en tenant compte de l'intérêt de son argent à $4\frac{1}{2}$ p. 0/0?

(Saône-et-Loire. — 1893. — Aspirantes.)

176. Un négociant achète des marchandises à raison de 360 fr. le quintal métrique et les revend 5 mois $\frac{1}{2}$ après à raison de 3 765 fr. la tonne métrique. À quel taux a-t-il placé son argent?

(Pas-de-Calais. — 1893. — Aspirants.)

177. La différence de fortune de deux personnes est de 20 000 fr.; l'une place son capital à 3 p. 0/0; l'autre met ses fonds dans le commerce, et ils lui rapportent 15 p. 0/0; les deux revenus sont égaux. On demande le capital de chaque personne.

(Ardèche. — 1893. — Aspirantes.)

178. Une personne a placé à 5,50 p. 0/0 et à intérêts simples un premier capital, et à 4,50 p. 0/0 un deuxième capital dont la valeur est à celle du premier dans le rapport de 11 à 7. — On demande la valeur de ces capitaux, sachant que cette personne a retiré au bout de 4 ans 3 mois, capitaux et intérêts compris, la somme de 5 477 fr. 50.

(Morbihan. — 1893. — Aspirants.)

179. Un homme dispose d'un certain capital; il en emploie les $\frac{4}{7}$ à l'achat d'une maison et le reste en réparations; puis il la revend 14 610 fr. Il calcule que s'il avait placé pendant un an à 5 p. 0/0 la somme employée à l'achat et à 3 p. 0/0 la somme employée aux réparations, le capital dont il disposait serait devenu égal à cette même somme de 11 640 fr. — Quel était ce capital ?

(Lozère. — 1893. — Aspirants.)

180. Une personne a acheté au prix de 75 397 fr., tous frais payés, une propriété qui lui rapporte 4 p. 0/0 du prix d'achat; après un certain temps elle y fait, pour diverses améliorations, une dépense de 40 000 fr., qu'elle couvre à l'aide de : 1° la somme provenant du retrait de 1 475 fr. placés depuis 7 mois $\frac{1}{2}$ à la caisse d'épargne, au taux de 3 $\frac{1}{2}$ p. 0/0; 2° 26 630 fr. provenant de la vente d'une certaine quantité de rente 3 p. 0/0 au cours de 97 fr. 50; 3° un emprunt à 4 $\frac{1}{2}$ p. 0/0 pour parfaire les 40 000 fr.

Par suite de ces améliorations, le revenu de la propriété se trouve augmenté dans le rapport de 4 à 7; calculer : 1° le bénéfice réel provenant annuellement desdites améliorations; 2° ce que la propriété rapporte pour 100 par an.

(Loire-Inférieure. — 1893. — Aspirants.)

181. Un commerçant a emprunté à une première personne le 1er janvier 1890 une somme de 8 675 fr. au taux de 4 $\frac{1}{2}$ p. 0/0, et à une seconde personne, le 17 avril 1891, 3 625 fr. au taux de 5 p. 0/0. Le 15 juin 1893, il est obligé de liquider et il n'a que 9 750 fr. à partager entre ses deux créanciers. On demande de calculer : 1° ce qu'il doit à chacun d'eux en tenant compte des intérêts simples aux taux convenus depuis l'époque de chaque emprunt; 2° la part de chacun d'eux sur les 9 750 fr.

(Loire-Inférieure. — 1893. — Aspirantes.)

182. Deux capitaux, l'un de 28 725 fr., l'autre de 42 125 fr., placés à des taux différents, ont rapporté ensemble dans un an 2 696 fr. 15. L'intérêt du second capital surpasse de 168 fr. 35 celui du premier. On demande à quels taux étaient placés les deux capitaux.

(Landes. — 1893. — Aspirantes.)

183. Une personne qui devait payer une dette le 1er juin, ne l'a payée que le 15 septembre suivant, ce qui a augmenté sa dette de 131 fr. 25, l'intérêt étant compté à 5 p. 0/0 l'an. — On demande ce que devait cette personne.

(Hérault. — 1893. — *Aspirants.*)

184. Deux capitaux, placés à intérêts simples, l'un à 5 p. 0/0, l'autre à $4\frac{1}{2}$ p. 0/0, sont entre eux dans le rapport de 3 à 5. L'intérêt annuel produit par le capital placé à $4\frac{1}{2}$ p. 0/0 surpasse de 117 fr. l'intérêt annuel du capital placé à 5 p. 0/0. — Calculer les deux capitaux.

(Côte-d'Or. — 1893. — *Aspirants.*)

185. Une personne dispose d'un capital dont elle emploie, les $\frac{2}{5}$ à l'acquisition d'un terrain ayant une superficie de 2 hectares 4 ares 20 centiares; de la somme qui lui reste, elle fait deux parts égales, qu'elle place, l'une à 4 p. 0/0, l'autre à 4,5 p. 0/0. L'intérêt annuel rapporté par la dernière part surpasse de 21 fr. 87 celui de la première. — Calculer le montant du capital primitif et le prix de l'are du terrain acheté.

(Belfort. — 1893. — *Aspirantes.*)

186. Une personne achète un domaine pour 20 000 fr., avec la faculté de payer chaque année une partie quelconque du capital avec les intérêts échus à 4 p. 0/0 (intérêt simple). Elle a payé en tout 2 400 fr. à la fin de la 2e année, puis 3 620 fr. au bout de la 3e, enfin 5 000 fr. au bout de la 4e. A la fin de la 6e elle veut s'acquitter en entier. — Combien doit-elle verser?

(Aube. — 1893. — *Aspirants.*)

187. Un négociant achète du blé à 26 fr. le quintal. Il le revend immédiatement à 28 fr. le quintal, et reçoit en payement un billet dont l'échéance est à 3 mois. Il fait escompter ce billet au taux de 6 p. 0/0 par an et réalise ainsi dans son marché un certain bénéfice; s'il avait vendu son blé 29 fr. le quintal au lieu de 28, le bénéfice eût augmenté de 197 fr. — On demande combien il a vendu de quintaux de blé.

(Loire. — 1893. — *Aspirants.*)

188. Le 10 juillet 1893 on fait escompter deux billets, l'un de 840 fr., l'autre de 1 560 fr. Le premier est payable 40 jours plus tôt que le second, et l'escompte du second surpasse de 24 fr. 80 l'escompte du premier. Le taux de l'escompte étant de 6 p. 0/0, chercher la date de l'échéance de chacun des billets.

(Landes. — 1893. — Aspirants.)

189. Un négociant fait escompter un billet payable dans 8 mois et emploie la somme qu'il reçoit à l'achat de 15 barriques d'huile pesant chacune 256 kilog. $\frac{1}{5}$. Il revend ensuite cette huile avec un bénéfice de 8 p. 0/0 et retire de cette vente 7 200 fr. Le poids des barriques vides est les $\frac{3}{25}$ du poids de l'huile qu'elles renferment, et la densité de l'huile est 0,915.

On demande : 1° le prix d'achat du litre d'huile ; 2° la valeur nominale du billet escompté.

Le taux de l'escompte est 6 p. 0/0 par an.

(Loire. — 1893. — Aspirantes.)

---

190. Une personne achète de la rente $3\frac{1}{2}$ p. 0/0 au cours de 107 fr. 50. Elle débourse 10 767 fr. 69, y compris les frais de courtage s'élevant à $\frac{1}{8}$ p. 0/0 du capital, et 4 fr. 2525 de frais de timbre et autres. Calculer le montant de la rente.

(Meuse. — 1894. — Aspirantes.)

191. On place un capital chez un banquier au taux de 2 fr. 50 par an. Au bout de 244 jours, on le retire et on a, intérêts compris, une somme de 25 277 fr. On demande la somme placée chez le banquier.

On place ces 25 277 fr. en rentes sur l'État 3 p. 0/0 au cours de 96 fr. 60. Sachant que le courtier prélève sur le capital avant l'achat de la rente un courtage de 3 fr. pour 60 fr. de rente, on demande le montant de l'inscription de rente.

(Lot-et-Garonne. — 1893. — Aspirantes.)

192. Un propriétaire a un champ de 8 ha. 5 a., qu'il loue 1 fr. 95 l'are; il vend cette propriété à raison de 4 200 fr. l'hectare, et avec le produit de cette vente il achète de la rente 3 p. 0/0 au cours de 75 fr. On demande s'il a augmenté ou diminué son revenu et de combien.

(Belfort. — 1893. — Aspirantes.)

193. Quelle somme faudrait-il placer à 4 fr. 75 p. 0/0 pour retirer 10 075 fr. 50 en capital et intérêts simples au bout de 3 ans 4 mois? Combien le capital placé aurait-il rapporté en rente 3 p. 0/0 au cours de 97 fr. 50?

(Nièvre. — 1891. — Aspirantes.)

194. Une personne possède une somme de 45 000 fr. Elle a placé une partie de cette somme à $4\frac{1}{2}$ p. 0/0, et l'autre partie, ou le reste, à 5 p. 0/0. Avec les $\frac{4}{5}$ du revenu, elle achète :

1° Un titre de 42 fr. de rente 3 p. 0/0 au cours de 101 fr.; elle paye les frais de courtage, soit $\frac{1}{800}$ du capital engagé, et un droit fixe de 0 fr. 60;

2° Un terrain de forme carrée dont le côté a 20 m. 50, au prix de 71 fr. 30 l'are. On demande quelles sont les deux parties de cette somme qui sont respectivement placées à $4\frac{1}{2}$ p. 0/0 et à 5 p. 0/0.

(Yonne. — 1891. — Aspirantes.)

195. Un failli laisse un passif de 130 410 fr.; son actif n'est que de 57 120 fr. Combien retirera de cette faillite un créancier intéressé pour 8 400 fr.? Les frais de justice sont de $7\frac{1}{3}$ p. 0/0 du passif; on compte, en outre, dans le passif 5 040 fr. de créances privilégiées, c'est-à-dire qui doivent être payées intégralement.

(Allier. — 1893. — Aspirantes.)

196. La liquidation d'une faillite s'est opérée le 15 juillet 1893. L'actif comprenait un capital de 9 640 fr. et une rente sur l'État de 300 fr. en 3 p. 0/0 au cours de 92 fr. Les créanciers sont : Joseph, à qui il est dû 12 650 fr., ainsi que l'intérêt simple de cette somme depuis le 15 octobre 1892 ; Louis, à qui le failli avait souscrit un billet de 8 500 fr. payable sans intérêt au 1er novembre 1893 ; selon les usages du commerce ce billet doit subir l'escompte de 6 p. 0/0 par an.

On demande de partager l'actif entre les deux créanciers.

(Meurthe-et-Moselle. — 1894. — Aspirants.)

197. Un négociant, en faillite, ne peut payer que 27 p. 0/0 à ses créanciers. Avec 5 239 fr. de plus, il pourrait leur payer les $\frac{2}{5}$ de leurs créances. Quels sont l'actif et le passif de ce négociant ?

(Mayenne. — 1891. — Aspirantes.)

198. Un chemin de fer long de 312 kilom. a coûté 84 millions : les 0,6 du capital sont formés par des actions de 1000 fr. ; le reste a été produit par l'émission d'un emprunt en obligations au cours de 342 fr. 50. La Compagnie paye par obligation un intérêt annuel de 15 fr. ; en outre, on compte 1 fr. 20 par obligation et par an pour l'amortissement de l'emprunt en obligations.

Quelles devront être les recettes brutes par kilomètre, pour que la Compagnie serve aux actionnaires un dividende représentant un intérêt de 6 p. 0/0 du capital souscrit par eux, en supposant que les frais d'exploitation absorbent 45 p. 0/0 des recettes ?

(Meurthe-et-Moselle. — 1891. — Aspirants.)

199. Une personne achète à raison de 2 fr. 19 le mètre carré 42 ares 70 de terrain. Elle paye les frais du contrat et les $\frac{5}{6}$ du prix de vente, et on lui fait crédit du reste pour 15 mois, à la seule condition d'en payer les intérêts à 5 p. 0/0 par an pendant les 15 mois, lorsqu'elle se libérera. Au bout de ces 15 mois, elle veut envoyer par la poste le montant de sa dette. Combien doit-elle verser au guichet ? On sait que la poste prend 1 p. 0/0 de la somme expédiée, plus 0 fr. 25 de timbre et 0 fr. 55 d'affranchissement.

(Var. — 1891. — *Aspirantes.*)

————×××————

5° MÉLANGE. — ALLIAGE.

200. On a rempli de vin les $\frac{13}{15}$ d'un tonneau contenant 225 litres, et on a fait le plein avec de l'eau.

On a ensuite tiré 45 litres du mélange et fait le plein une seconde fois avec de l'eau. Combien de centilitres de vin contient 1 litre du dernier mélange?

(Maine-et-Loire. — 1891. — *Aspirants.*)

201. D'un fût de 500 litres plein de vin, on tire une première fois 25 litres, qu'on remplace par de l'eau; et une seconde fois, la même quantité, qu'on remplace encore par 25 litres d'eau. — Combien doit-on vendre l'hectolitre du mélange, pour gagner 10 p. 0/0 sur le prix d'achat, qui était de 40 fr. l'hectolitre?

(Bouches-du-Rhône. — 1891. — *Aspirantes.*)

202. On sait qu'à la température de 15 degrés, un litre d'eau pèse 999 gr. 160 milligr., et qu'un litre de lait pèse 1 kilog. 029 gr. 135 milligr. — Calculez :

1° Le poids à 1 milligramme près d'un mélange formé en versant ensemble 5 lit. 25 d'eau et 7 lit. 50 de lait pur (à cette même température);

2° Les quantités en litres et centilitres d'eau et de lait contenues dans 12 lit. 75 d'un mélange qui pèserait 12 kilog. 750 gr. (toujours à la même température).

(Loire-Inférieure. — 1891. — *Aspirantes.*)

203. Un marchand fait un mélange de 100 litres de vin coûtant 50 fr. l'hectol. avec 125 litres de vin d'une autre qualité. En vendant 52 fr. 80 l'hectol. du mélange, il fait un bénéfice de 20 p. 0/0. On demande combien lui a coûté l'hectolitre de la deuxième qualité.

(Bouches-du-Rhône. — 1891. — *Aspirantes.*)

204. Un marchand achète 3 pièces d'un vin et 5 pièces d'un autre à un prix convenu payable à 90 jours. Chaque pièce contient 228 litres. Les prix sont tels qu'en mélangeant 35 litres du premier avec 60 litres du second, on obtient un vin qui revient à 0 fr. 65 la bouteille de 70 centilitres, et si on ajoute à ce mélange 8 litres du premier vin, la même bouteille de 70 centilitres revient alors à 0 fr. 67. — Quelle somme le marchand doit-il payer comptant, si on lui accorde l'escompte en dehors à 4 p. 0/0 ?

(Finistère. — 1891. — Aspirants.)

205. En mélangeant du vin à 0 fr. 35 et du vin à 0 fr. 68 le litre, on a obtenu du vin qui coûte 105 fr. 60 la barrique de 220 litres. Combien a-t-on pris de litres de chaque qualité pour remplir de ce mélange des fûts dont le poids total est alors de 2 918 kilog. 916 ? On sait que le poids des fûts vides est les $\frac{2}{25}$ de celui du mélange qu'ils contiennent, et que le litre de ce mélange pèse 975 grammes.

(Basses-Pyrénées. — 1893. — Aspirants.)

———————※———————

206. On fond ensemble 6 couverts d'argent du poids de 135 gr. l'un et au titre de $\frac{950}{1000}$, 24 pièces de 5 fr. et 100 pièces de 1 fr. — On demande :

1º Le titre de l'alliage ;

2º La quantité de cuivre qu'il faudrait ajouter pour ramener l'alliage au titre de $\frac{900}{1000}$;

3º La longueur qu'aurait une règle de 3 millim. 5 d'épaisseur et 47 millim. de largeur faite avec l'alliage tel qu'on l'avait obtenu, sachant que la densité de l'argent est 10,51 et celle du cuivre 8,85.

(Loire-Inférieure. — 1891. — Aspirants.)

207. On a fondu ensemble 2 kilog. 25 de métal, qui ont coûté 43 fr. 50, et 5 kilog. 6 décag. d'un second métal, qui ont coûté 27 fr. — Quel sera le prix d'un kilogramme de l'alliage, en supposant qu'il y ait 2 p. 0/0 de déchet, et que la fabrication de l'alliage ait coûté 12 fr.?

(Lozère. — 1891. — *Aspirantes.*)

208. Une somme de 1000 fr. est composée de 260 pièces d'argent, les unes de 5 fr. et les autres de 2 fr. -- On demande : 1° quel est le nombre des pièces de chaque espèce; 2° quel est le poids d'argent fin contenu dans toutes ces pièces; quel serait le titre du lingot que l'on obtiendrait en les fondant toutes ensemble; 4° quel poids d'argent fin il faudrait ajouter à ce lingot pour que le titre du nouvel alliage obtenu fût 0,900?

(Puy-de-Dôme. — 1893. — *Aspirants.*)

209. On fond ensemble 30 pièces anciennes de 5 fr., pesant chacune 24 gr. 4, et 50 pièces de 2 fr., pesant chacune 9 gr. 8. Il y a un déchet de 0 gr. 5 p. 0/0 par suite de la fusion. — Calculer le poids du cuivre qu'il faut ajouter à l'alliage obtenu pour faire des pièces divisionnaires. Valeur de ces pièces.

(Indre-et-Loire. — 1893. — *Aspirants.*)

210. On a deux lingots d'or : l'un du poids de 5 kilog. au titre de $\frac{850}{1000}$, l'autre du poids de 12 kilog. au titre de $\frac{700}{1000}$.

Combien faut-il ajouter du second aux 5 kilog. du premier lingot pour obtenir un lingot au titre de $\frac{800}{1000}$? Quel sera le volume des trois lingots, sachant que la densité de l'or est 19,25 et celle du cuivre 8,8?

On admet qu'il n'y a ni contraction ni dilatation des métaux par suite de la fonte.

(Aveyron. — 1893. — *Aspirants.*)

III.

PROBLÈMES
donnés dans le département de la Seine
AVEC MODÈLES DE SOLUTIONS.

211. Une marchande achète 56 m. $+ \frac{3}{4}$ de drap à raison de 12 fr. 75 le mètre; elle en emploie 6 m. $+ \frac{3}{8}$ pour habiller ses enfants. On demande combien elle doit vendre le reste pour rentrer dans ses déboursés et gagner de plus $12\frac{1}{2}$ p. 0/0 sur le prix d'achat?

Solution.

Prix d'achat des 56 m. $\frac{3}{4}$:

$$12 \text{ fr. } 75 \times 56\frac{3}{4} = 723 \text{ fr. } 56.$$

Nombre de mètres revendus :

$$56 \text{ m. } \frac{3}{4} - 6 \text{ m. } \frac{3}{8} = 50\frac{3}{8}.$$

Prix de vente de ces mètres :

$$723 \text{ fr. } 56 + 723,56 \times \frac{12,5}{100} = 814 \text{ fr. } 02.$$

Prix de vente du mètre :

$$814 : 50\frac{3}{8} = 814 : \frac{403}{8} = \frac{814 \times 8}{403} = 16 \text{ fr. } 15.$$

(Seine. — 1893. — Aspirantes.)

---

212. Un groupe de travailleurs, composé de 18 hommes, 15 femmes et 20 enfants, a gagné en commun 3420 fr. Répartir cette somme entre les ouvriers de manière que la part d'une femme soit les $\frac{2}{3}$ de celle d'un homme, et la part d'un enfant les $\frac{3}{4}$ de celle d'une femme.

Solution.

En prenant pour unité la part d'un homme, celle d'une femme est représentée par $\frac{2}{3}$, et celle d'un enfant est représentée par

$$\frac{2}{3} \times \frac{3}{4} = \frac{1}{2}.$$

Les parts sont donc entre elles comme les nombres $1, \frac{2}{3}$ et $\frac{1}{2}$, ou, ce qui revient au même, comme les nombres 6, 4 et 3.

Il résulte de ce qui précède que si l'on représente par a, b et c les parts d'un homme, d'une femme et d'un enfant, on aura la série d'égalités :

$$\frac{a}{6} = \frac{b}{4} = \frac{c}{3} = \frac{18\,a + 15\,b + 20\,c}{18 \times 6 + 15 \times 4 + 20 \times 3} = \frac{3\,420}{228} = 15 \text{ fr.}$$

Donc : $a = 15 \times 6 = 90$; $b = 15 \times 4 = 60$; $c = 15 \times 3 = 45$.

Les hommes toucheront $90 \times 18 = 1\,620$ fr.; les femmes, $60 \times 15 = 900$ fr.; les enfants, $45 \times 20 = 900$ fr.

(Seine. — 1894. — Aspirants.)

---

213. Un spéculateur achète une certaine quantité de marchandises qu'il revend ensuite. Le bénéfice brut de cette opération est exactement les $\frac{12}{100}$ du prix de vente, et, lorsqu'on le diminue de 1000 fr., il est le $\frac{1}{10}$ du prix d'achat. Les frais de commission se sont élevés à 518 fr. On demande le bénéfice net de l'entreprise.

Solution.

Le bénéfice brut est les $\frac{12}{100}$ du prix de vente. Par suite, 100 fr. de vente représentent 88 fr. d'achat et 12 fr. de bénéfice.

Donc le bénéfice est les $\frac{12}{88}$ ou les $\frac{3}{22}$ du prix d'achat.

Mais ce même bénéfice, diminué de 1 000 fr., ne vaut plus que le $\frac{1}{10}$ du prix d'achat; par suite

$$\frac{3}{22} - \frac{1}{10} \text{ ou } \frac{1}{110} \text{ du prix d'achat} = 1\,000 \text{ fr.;}$$

$$\frac{110}{110} \text{ du prix d'achat} = \frac{1\,000 \times 110}{4} = 27\,500 \text{ fr.}$$

Le bénéfice brut, qui en est les $\frac{3}{22}$, est donc égal à $\dfrac{27\,500 \times 3}{22}$
$= 3\,750$ fr., et le bénéfice net, à $3\,750 - 518 = 3\,232$ fr.

(Seine. — 1891. — Aspirants.)

---

214. D'un vase plein d'eau, on retire le $\frac{1}{4}$, plus le $\frac{1}{5}$ de ce qu'il contient, et il y reste le $\frac{1}{9}$ de ce qu'on a retiré, plus 10 litres. Trouver : 1° la capacité du vase; 2° la valeur de la monnaie d'argent qui aurait le même poids que l'eau remplissant le vase.

Solution.

La quantité d'eau retirée $= \frac{1}{4} + \frac{1}{5} = \frac{9}{20}$ de la capacité du vase.

La quantité d'eau restante $= \frac{20}{20} - \frac{9}{20} = \frac{11}{20}$ de la capacité du vase.

Le $\frac{1}{9}$ de ce qu'on a retiré est donc les $\frac{9}{20} : 9$ ou $\frac{1}{20}$ de la capacité du vase.

On a donc $\frac{11}{20}$ de la capacité totale $= \frac{1}{20}$ de la capacité totale plus 10 litres. Il résulte de là que 10 litres sont les $\frac{10}{20}$ de la capacité cherchée.

La capacité du vase est de $\dfrac{10 \times 20}{10} = 20$ litres.

20 litres d'eau pèsent $20\,000$ grammes; la somme de monnaie d'argent ayant le même poids est $\dfrac{20\,000}{5} = 4\,000$ fr.

(Seine. — 1893. — Aspirantes.)

---

215. Une personne remplit son verre de vin pur et en boit un quart. Elle achève de le remplir d'eau, puis elle en boit le tiers. Elle le remplit une seconde fois avec de l'eau, puis le boit à moitié. On demande de combien il s'en faut que cette personne ait bu son verre de vin pur.

Solution.

La 1re fois, la personne boit $\frac{1}{4}$, et laisse $\frac{3}{4}$ de vin pur.

La 2e fois, elle boit le $\frac{1}{3}$ des $\frac{3}{4}$, ou $\frac{1}{4}$ du vin, et en laisse $\frac{2}{4}$.

1.

La 3e fois, elle boit la moitié du mélange, laissant ainsi $\frac{1}{4}$ de vin, dont elle a bu les $\frac{3}{4}$ en tout.

(Seine. — 1893. — *Aspirantes.*)

---

216. Un homme a fait de sa fortune deux parts, dont l'une est les $\frac{5}{8}$ de l'autre. Il a placé la plus grande en valeurs industrielles qui lui rapportent 5 fr. $\frac{3}{4}$ p. 0/0, et le reste en valeurs immobilières qui lui fournissent un intérêt de 5 fr. $\frac{1}{4}$ p. 0/0.

En 10 mois, le placement industriel a rapporté 2 765 fr. de plus que les immeubles.

Quel est le montant de chaque placement?

Solution.

Supposons deux placements dans le rapport indiqué, 800 fr. et 500 fr.

Le plus grand, à 5 $\frac{3}{4}$ p. 0/0, rapporterait par an $\frac{5,75 \times 800}{100}$ = 46 fr., et l'autre, à 5 $\frac{1}{4}$ p. 0/0, $\frac{5,25 \times 500}{100} = 26$ fr. 25.

La différence annuelle des intérêts égalerait 46 — 26,25 = 19 fr. 75.

D'après l'énoncé, le placement industriel doit donner, par an, un excédent d'intérêts de $\frac{2\,765 \times 12}{10} = 3\,318$ fr.

Ce placement industriel est donc de $\frac{800 \times 3\,318}{19,75} = 134\,400$ fr., et le placement en immeubles de $\frac{134\,400 \times 5}{8} = 84\,000$ fr.

(Seine. — 1893. — *Aspirantes.*)

---

217. Deux personnes ont le même revenu; la première économise chaque année le $\frac{1}{7}$ de son revenu, tandis que la seconde dépense 1000 fr. de plus que l'autre.

Au bout de 4 ans, la deuxième a 1600 fr. de dettes.

Quel est leur revenu?

Solution.

La 2ᵉ personne fait par année $\dfrac{1\,600}{4}$ ou 400 fr. de dettes; donc le $\dfrac{1}{7}$ de son revenu est $1\,000 - 400 = 600$ fr.

Le revenu annuel est donc $600 \times 7 = 4\,200$ fr.

(Seine. — 1893. — *Aspirantes.*)

---

218. Une pièce de velours devait être vendue à 18 fr. le mètre. Par suite d'un accident qui a défraîchi l'étoffe, les $\dfrac{2}{5}$ de la pièce ont dû être cédés à 12 fr. le mètre et le reste à 15 fr. Il en est résulté une diminution de 84 fr. Quelle était la longueur de cette pièce?

Solution.

La perte, par mètre, sur les $\dfrac{2}{5}$ de la pièce, est 18 fr. — 12 fr. $= 6$ fr.; sur cette partie de la pièce, la perte s'élève donc à 6 fr. $\times \dfrac{2}{5}$ du nombre des mètres de la pièce.

Dans le second cas, sur les $\dfrac{3}{5}$ de la pièce, la perte, par mètre, est 18 fr. — 15 fr. $= 3$ fr.; la perte sur la seconde partie est donc de $3 \times \dfrac{3}{5}$ du nombre des mètres de la pièce.

La perte totale est représentée par 6 fr. $\times \dfrac{2}{5}$ du nombre de mètres ou $\dfrac{12\ \text{fr.}}{5}$, plus 3 fr. $\times \dfrac{3}{5}$ du même nombre, soit $\dfrac{9\ \text{fr.}}{5}$. En totalité, $\dfrac{12\ \text{fr.}}{5} + \dfrac{9\ \text{fr.}}{5} = \dfrac{21\ \text{fr.}}{5}$, ce qui représente 84 fr.; autant de fois $\dfrac{21\ \text{fr.}}{5}$ seront contenus dans 84 fr., autant de mètres contenait la pièce, soit $84 : \dfrac{21}{5} = \dfrac{84 \times 5}{21} = 4 \times 5 = 20$ mètres.

Vérification. — Les 20 mètres à 18 fr. devaient pro-
duire $18 \text{ fr.} \times 2 = 360 \text{ fr.}$

Les $\dfrac{2}{5}$ de 20 m. ou 8 m. à 12 fr. ont produit $12 \text{ fr.} \times 8$

$$= 96 \text{ fr.}$$

Les $\dfrac{3}{5}$ de 20 m. ou 12 m. à 15 fr. ont produit $\Big\} = 276 \text{ fr.}$

$$15 \times 12 = 180 \text{ fr.}$$

Différence.   81 fr.

(Seine. — 1893. — *Aspirantes*.)

---

219. Une personne laisse 16 600 fr. à répartir entre 3 bureaux de bienfaisance, avec la condition que les infirmes re-
cevront 2 fois autant que les autres pauvres. Le premier
bureau a 420 pauvres dont $\dfrac{2}{3}$ d'infirmes; le deuxième a 490

pauvres dont $\dfrac{3}{7}$ d'infirmes, et le troisième a 540 pauvres dont

$\dfrac{1}{4}$ d'infirmes. Combien chaque bureau doit-il recevoir? Combien faudra-t-il donner à chaque pauvre et à chaque infirme?

Solution.

Quand un pauvre simple aura une part, l'infirme recevra
2 parts.

Le 1ᵉʳ bureau compte 420 assistés, dont $420 \times \dfrac{2}{3}$ ou 280 infirmes
et 140 pauvres simples.

Le 2ᵉ bureau compte 490 assistés, dont $490 \times \dfrac{3}{7}$ ou 210 infirmes
et 280 pauvres simples.

Le 3ᵉ bureau compte 540 assistés, dont $540 \times \dfrac{1}{4}$ ou 135 infirmes
et 405 pauvres simples.

Les 3 bureaux assistent donc 625 infirmes et 825 pauvres simples.

Aux infirmes, on attribuera 2 parts $\times 625 = 1\,250$, et aux
pauvres simples 825 parts; total : 1 250 p. $+$ 825 $= 2\,075$ parts.

Une part vaut donc $\dfrac{16\,600}{2\,075} = 8$ fr., et une double part, 16 fr.

Le 1er bureau recevra donc :

$$(16 \text{ fr.} \times 280) + (8 \text{ fr.} \times 140) = 4\,480 \text{ fr.} + 1\,120 \text{ fr.} = 5\,600 \text{ fr.}$$

Le 2e bureau recevra donc :

$$(16 \text{ fr.} \times 210) + (8 \text{ fr.} \times 280) = 3\,360 \text{ fr.} + 2\,240 \text{ fr.} = 5\,600 \text{ fr.}$$

Le 3e bureau recevra donc :

$$(16 \text{ fr.} \times 135) + (8 \text{ fr.} \times 405) = 2\,160 \text{ fr.} + 3\,240 \text{ fr.} = 5\,400 \text{ fr.}$$

$$\text{Somme égale.} \qquad \overline{16\,600 \text{ fr.}}$$

(Seine. — 1893. — Aspirantes.)

---

220. Un réservoir à parois verticales, de 2 m. 50 de profondeur, a pour base un trapèze de 3 m. 60 de hauteur, dont les bases diffèrent de 1 m. 50. Il est alimenté par 3 fontaines. La première en remplirait les $\frac{2}{5}$ en 30 heures ; la deuxième les $\frac{3}{8}$ en 36 heures ; la troisième fournit 3 756 lit. en 12 heures.

Si l'on fait couler la première fontaine seule pendant 10 heures, puis la première et la deuxième pendant 16 heures, et enfin les 3 fontaines pendant 15 heures, le bassin est exactement rempli. On demande les bases du trapèze du fond.

Solution.

En 1 h., la 1re fontaine remplit du bassin :

$$\frac{2}{5} : 30 = \frac{2}{150} = \frac{1}{75}.$$

En 1 h., la 2e fontaine remplit du bassin :

$$\frac{3}{8} : 36 = \frac{3}{8 \times 36} = \frac{1}{96}.$$

En 1 h., la 3e fontaine fournit :

$$\frac{2\,756 \text{ lit.}}{12} = 313 \text{ lit.} = 0 \text{ mc. } 313.$$

La 1re fontaine a coulé pendant 10 h. + 16 h. + 15 h. = 41 h.; la 2e, pendant 16 h. + 15 h. = 31 h.; la 3e, pendant 15 h.

La 1re fontaine a rempli du réservoir :

$$\frac{1}{75} \times 41 = \frac{41}{75}.$$

La 2e fontaine a rempli du réservoir :

$$\frac{1}{96} \times 31 = \frac{31}{96}.$$

Ensemble, ces deux fontaines ont rempli du réservoir :

$$\frac{41}{75} + \frac{31}{96} \text{ ou } \frac{3\,936}{7\,200} + \frac{2\,325}{7\,200} = \frac{6\,261}{7\,200} = \frac{2\,087}{2\,400}.$$

La 3e fontaine a fourni du réservoir $\dfrac{2\,400 - 2\,087}{2\,400} = \dfrac{313}{2\,400}$, et elle a donné 0 mc. 313×15; donc, $\dfrac{313}{2\,400}$ du bassin valent 0 mc. 313×15; le réservoir contient donc $\dfrac{0 \text{ mc. } 313 \times 15 \times 2\,400}{313} = 36$ mc.

La profondeur étant 2 m. 50, la surface de la base est :

$$36 : 2{,}5 = 14 \text{ mq. } 4.$$

Cette surface est la demi-somme des bases multipliée par la hauteur 3 m. 60; la demi-somme des bases est donc $14{,}4 : 3{,}6 = 4$ m. Ces deux bases diffèrent de 1 m. 50, la grande vaut $4 + \dfrac{1{,}50}{2} = 4$ m. 75, et la petite 4 m. $- \dfrac{1{,}50}{2} = 3$ m. 25.

(Seine. — 1894. — *Aspirants.*)

———

221. Une voiture quitte Paris à 1 heure précise, pour ne s'arrêter qu'après 18 kilomètres. La circonférence de l'une de ses roues est 3 m. 05, et cette roue met $\dfrac{4}{7}$ de seconde pour effectuer un tour. On demande l'heure de l'arrivée.

Solution.

La durée du parcours sera, en secondes,

$$\frac{4 \times 18\,000}{7 \times 3{,}05} = \frac{7\,200\,000}{2\,765} = \frac{1\,440\,000}{5\,530} = 2603 \text{ sec. } \frac{541}{553}.$$

$$2\,603 \text{ sec.} = \frac{2\,603}{60} = 43 \text{ min. } 23 \text{ sec.}$$

L'heure de l'arrivée sera 1 h. 43 min. 23 sec. $\dfrac{541}{553}$.

(Seine. — 1894. — *Aspirants.*)

222. Tout autour d'un champ rectangulaire dont la longueur et la largeur ont ensemble 176 mètres, tandis que la largeur est les $\frac{23}{65}$ de la longueur, on plante à 3 mètres en dedans du bord des arbres espacés de 4 mètres. Dire combien cette plantation exige d'arbres, et quelle est la superficie de la portion du champ comprise entre les rangées d'arbres et les bords extérieurs.

Solution.

La longueur multipliée par $1 + \frac{23}{65}$ ou par $\frac{88}{65}$ vaut 176 m.

La longueur est donc de $\dfrac{176 \times 65}{88} = 130$ m. La largeur est 46 m.

Chacune des rangées sur la longueur vaut $130 - 6 = 124$ m. Les deux ensemble 248 m. Sur la largeur chacune vaut $46 - 6 = 40$ m. Les deux ensemble $= 80$ m.

Les quatre rangées ont donc un développement de 328 m.

Nombre d'arbres : $\dfrac{328}{4} = 82$.

Superficie : $130 \times 46 - 124 \times 40 = 1\,020$ mq.

(Seine. — 1893. — Aspirantes.)

---

223. Un propriétaire a fait paver en bois, au prix de 12 fr. 50 le décistère payé comptant, une cour rectangulaire de 18 m. de long. Les blocs employés ont 0 m. 12 de hauteur et couvrent chacun une surface rectangulaire de 0 m. 15 sur 0 m. 09. Le pavage a été terminé le 20 octobre 1891 ; mais le propriétaire, n'ayant payé que le 7 juin 1892, a dû servir à l'entrepreneur un intérêt de $4\frac{1}{2}$ p. 0/0 par an. La dépense totale s'est élevée alors à 3333 fr. 15. On demande la largeur de la cour et le nombre des blocs employés.

Solution.

Prix de revient du pavage :

Du 20 octobre 1891 au 7 juin 1892, il s'est écoulé 230 jours.

1 fr. à $4\frac{1}{2}$ p. 0/0, en 230 jours produit $\dfrac{4,5 \times 230}{100 \times 360} = \dfrac{230}{8\,000} = \dfrac{0,23}{8}$ $= 0$ fr. 02875 ; et devient 1 fr. 02875.

Le pavage a coûté 3333 fr. 15 : 1 fr. 02875 $= 3240$ fr.

Volume du bois employé :

$$3\,240 \text{ fr.} : 12 \text{ fr. } 5 = 259 \text{ décist. } 2 = 25 \text{ mc. } 920.$$

L'ensemble du pavé forme un solide rectangulaire ayant 0 m. 12 de hauteur; la surface de sa base est 25 mc. 920 : 0 m. 12 = 216 mq.

La surface étant 216 mq. et la longueur 18 m., la largeur sera 216 mq. : 18 = 12 m.

Le volume d'un bloc est égal à $15 \times 9 \times 12 = 1\,620$ cmc. ou 1 dmc. 62; le volume total est 25 mc. 920 ou 25 920 dmc.; le nombre des blocs sera 25 920 : 1,62 = 16 000.

(Seine. — 1893. — Aspirants.)

---

224. Deux montres ont été mises à l'heure à midi; la première avance de 8 minutes en 24 heures, tandis que la seconde retarde de 4 minutes. On demande au bout de combien d'heures les deux montres marqueront en même temps midi pour la première fois.

Solution.

En 24 heures, la première montre prend sur la seconde une avance de $8 + 4 = 12$ minutes.

Pour que les deux montres, d'accord à midi, marquent de nouveau la même heure, il faut que la première prenne sur la seconde une avance de 12 heures ou de $60 \times 12 = 720$ minutes.

Il faudra donc attendre $\dfrac{24 \text{ h.} \times 720}{12} = 24 \text{ h.} \times 60 = 60$ jours.

(Seine. — 1894. — Aspirants.)

---

225. Quelle est la longitude par rapport à Paris d'une ville où il est 4 heures du matin quand il est minuit et demi à Paris le même jour?

Solution.

La ville est à l'Est de Paris, puisqu'il est midi en ce lieu avant qu'il soit la même heure à Paris.

En second lieu, l'heure retardant de 1 h. pour 15° de longitude, il faudra $15° \times 3,5$ de différence de longitude pour que le retard soit de 3 h. 5 : donc la ville est à 52° 30' de longitude Est par rapport à Paris.

(Seine. — 1893. — Aspirantes.)

---

226. Dunkerque et Barcelone sont situées sur le méridien de Paris, et la différence de leur latitude est 9° 39' 11".

On demande d'évaluer cette distance : 1° en kilomètres; 2° en lieues métriques; 3° en lieues terrestres; 4° en lieues marines; 5° en milles marins, — sachant que la lieue métrique vaut 4 kilom., et que l'on compte, au degré, 25 lieues terrestres, 20 lieues marines, 60 milles marins.

Solution.

Le méridien terrestre comprend 360° et présente une longueur de 40 000 kilom.

Un degré vaut, en kilom., $\dfrac{40\,000}{360} = \dfrac{4\,000}{36} = \dfrac{1\,000}{9} = 111$ kilom. 1111.

Le degré vaut, en secondes, $60'' \times 60 = 3\,600''$.

D'autre part, 9° 39′ 11″ valent, en secondes,

$$(60'' \times 60 \times 9) + (60'' \times 39) + 11'' = 34751''.$$

Valeur de 9° 39′ 11″ en kilom. :

$$\frac{1\,000 \times 34751}{9 \times 3\,600} = \frac{347510}{324} = 1\,072 \text{ kilom. } 561.$$

La lieue terrestre vaut $\dfrac{1\,000 \text{ kilom.}}{9} : 25 = \dfrac{1\,000}{9 \times 25} = \dfrac{40}{9}$ de kilom.

La lieue marine vaut $\dfrac{1\,000 \text{ kilom.}}{9} : 20 = \dfrac{1\,000}{9 \times 20} = \dfrac{50}{9}$ de kilom.

Le mille marin vaut $\dfrac{1\,000 \text{ kilom.}}{9} : 60 = \dfrac{1\,000}{9 \times 60} = \dfrac{50}{27}$ de kilom.

ou $\dfrac{1}{3}$ de la lieue.

Nombre de lieues métriques : $\dfrac{1\,072,561}{4} = 268,14.$

Nombre de lieues terrestres :

$$1\,072 \text{ kilom. } 56 : \frac{40}{9} = \frac{1\,072,56 \times 9}{40} = 241,32.$$

Nombre de lieues marines :

$$1\,072 \text{ kilom. } 56 : \frac{50}{9} = \frac{1\,072,56 \times 9}{50} = 193,06.$$

Nombre de milles marins : $193,06 \times 3 = 579,18.$

(Seine. — 1891. — Aspirantes.)

---

227. 100 kilog. de houille produisent autant de chaleur que 200 kilog. de bois. Dans une maison où l'on brûle

20 stères de bois par an, quelle économie pourrait-on réaliser en brûlant de la houille à 4 fr. 80 le quintal, au lieu de bois à 12 fr. 50 le stère, sachant que la densité du bois est de 0,6, et que le poids du bois empilé n'est que les 0,70 du même volume en bois plein?

Solution.

Un stère de bois plein   pèse 600 kilog.
—   empilé — $600 \times 0,70 = 420$ kilog.
On consume annuellement 420 kilog. $\times 20 = 8\,400$ kilog. de bois.
8 400 kilog. de bois donnent la même chaleur que $\dfrac{100 \times 8\,400}{260}$
$= 3\,230$ kilog. 769 de houille, qui coûtent $4,80 \times 32,307 = 155$ fr. 07
20 stères de bois coûtent $12,50 \times 20$ $= 250$ fr. »

Bénéfice réalisé   94 fr. 93

(Seine. — 1893. — *Aspirantes.*)

---

228. Combien faudra-t-il de stères de bois pour fournir, pendant un an, le charbon nécessaire à une fonderie de fer, l'usine marchant 290 jours par an et produisant 2 000 kilog. de fonte par jour?

Sachant : 1° Que le stère de bois pèse 390 kilog.;

2° Que 100 kilog. de bois produisent 20 kilog. de charbon;

3° Qu'il faut 120 kilog. de charbon pour obtenir 100 kilog. de fonte.

Solution.

Poids total de la fonte à obtenir :

$$2\,000 \times 290 = 580\,000 \text{ kilog.}$$

Poids du charbon à employer :

$$\frac{580\,000 \times 120}{100} = 696\,000 \text{ kilog.}$$

Poids du bois à transformer en charbon :

$$\frac{696\,000 \times 100}{20} = 3\,480\,000 \text{ kilog.}$$

Nombre de stères de bois : $\dfrac{3\,480\,000}{390} = \dfrac{116\,000}{13} = 8\,923$ stères 07.

(Seine. — 1893. — *Aspirantes.*)

229. On était convenu de recevoir 340 hectol. de houille, et l'hectol. devait peser les $\frac{7}{9}$ du quintal.

Au moment de livrer, l'hectol. de houille se trouvait plus pesant, et la compensation s'établit en livrant 300 hectol. au lieu de 340.

Quel était le poids de l'hectol. de la dernière sorte de houille ?

Solution.

Le poids de 340 hectol. devait être $340 \times \frac{7}{9} = \frac{2\,380}{9}$.

Or 300 hectol. de la dernière sorte de houille pèsent le même poids.

Donc le poids de l'hectol. livré est $\frac{2\,380}{9} : 300 = \frac{2\,380}{9\,300}$ ou $\frac{2\,380}{9 \times 3}$

exprimés en kilog. $= 88$ kilog. $\frac{4}{27}$.

(Seine. — 1893. — Aspirantes.)

---

230. Deux vases de poids inégaux, pesant ensemble 5 kilog., sont placés, un dans chacun des plateaux d'une balance. Pour établir l'équilibre on ajoute dans l'un des plateaux 310 fr. en monnaie d'argent, et, dans l'autre, 310 fr. en monnaie d'or.

On demande le poids de chacun des vases.

Solution.

A valeur égale, la monnaie d'argent pesant 15 fois $\frac{1}{2}$ plus que la monnaie d'or, nous pouvons écrire :

310 fr. en argent pèsent 15 fois $\frac{1}{2}$ plus que 310 fr. en or, ou : le poids de 310 fr. en argent surpasse le poids de 310 fr. en or de 14 fois $\frac{1}{2}$ le poids de cette dernière somme.

La différence de poids entre les deux sommes, et, par suite, la différence de poids entre les deux vases égale donc :

$$\frac{5 \text{ gr.} \times 310 \times 14{,}5}{15{,}5} = 1\,450 \text{ gr.}$$

Nous sommes alors ramenés au problème classique :

Trouver deux quantités, connaissant leur somme et leur différence.

Sachant que :

1° La plus grande égale la demi-somme plus la demi-diffé-
rence;

2° La plus petite égale la demi-somme moins la demi-diffé-
rence,

Nous aurons :

Poids du vase le plus lourd : $\dfrac{5\,000 + 1\,450}{2} = 3\,225$ gr.

—   le moins lourd : $\dfrac{5\,000 - 1\,450}{2} = 1\,775$ gr.

(Seine. — 1893. — Aspirantes.)

---

231. Un tonneau plein d'eau-de-vie en contient 41 litres;
au bout d'un an, il n'en contient plus que 39 lit. 8. On le remplit à nouveau avec de l'eau-de-vie valant 2 fr. 75 le litre. On
vend 3 fr. 55 le litre du mélange, et on fait un bénéfice de
9 fr. Combien a coûté le litre de la première eau-de-vie?

Solution.

Il a fallu ajouter une quantité d'eau-de-vie égale à 41 lit. — 39 lit. 8
= 1 lit. 2, qui vaut 2 fr. 75 $\times$ 1,2 = 3 fr. 30. Si un litre d'eau-de-vie
est vendu 3 fr. 55, 41 lit. seront vendus 3 fr. 55 $\times$ 41 = 145 fr. 55.

Le bénéfice étant de 9 fr., le prix d'achat sera de 145 fr. 55 — 9 fr.
= 136 fr. 55. Cette somme comprend les 3 fr. 30 d'eau-de-vie qu'il
a fallu ajouter; le prix d'achat du premier alcool était donc de
136 fr. 55 — 3 fr. 30 = 133 fr. 25.

Le prix d'un litre de cette eau-de-vie était alors de $\dfrac{133,25}{41} = 3$ fr. 25.

(Seine. — 1891. — Aspirantes.)

---

232. Avec le marc d'un hectolitre de vin on peut fabriquer
2 litres d'eau-de-vie. Les frais de fabrication s'élèvent, par
hectolitre d'eau-de-vie, à 12 fr., plus 6 décistères de bois à
12 fr. 50 le stère. — On demande quel prix net un vigneron a
tiré de sa récolte, sachant qu'il vend son vin 90 fr. la pièce
de 228 litres, son eau-de-vie 1 fr. 60 le litre, et que sur ce
dernier produit, le vigneron a fait un bénéfice net de 350 fr.

Solution.

Les frais de fabrication pour un hectol. d'eau-de-vie sont :

$$12 \text{ fr. } 50 \times 0,06 + 12 = 7,50 + 12 = 19 \text{ fr. } 50.$$

On le vend 1 fr. 60 × 100 = 160 fr.; bénéfice net :

$$160 - 19,50 = 140 \text{ fr. } 50.$$

Nombre d'hectol. vendus : $\dfrac{350}{140,5} = 2$ hectol. 49 lit.

Nombre d'hectol. de vin récoltés : $2,49 \times \dfrac{100}{2} = 124$ hectol. 50.

Nombre de pièces : $\dfrac{12\,450}{228} = 54$ pièces 6.

Prix du vin : 90 fr. × 54,6 =   4 914 fr.
Prix de l'eau-de-vie, frais déduits,   350 fr.
____
Valeur de la récolte . . . . 5 264 fr.

(Seine. — 1893. — Aspirantes.)

---

233. On a acheté trois barils d'huile pesant ensemble
1 086 kilog. 875, l'huile ayant pour poids spécifique 0,925. Le
plus grand des barils contient 9 décal. 5 de plus que les
2 autres ensemble, et le moyen contient 40 litres de plus que
le plus petit. Quelle est la contenance de chacun des barils ?

Solution.

Contenance des trois barils : $\dfrac{1\,086,875}{0,925} = 1\,175$ litres.

La contenance du petit baril, plus cette contenance augmentée
de 40 litres, plus encore deux fois cette contenance, plus 40 lit. et
95 lit., font ensemble 4 fois la contenance du petit baril plus 175 lit.
Donc 4 fois cette contenance vaut 1 175 — 175 = 1 000 lit.

Petit baril = 250 lit.
Moyen baril = 290 lit.
Grand baril = 635 lit.

(Seine. — 1893. — Aspirantes.)

---

234. Un paysan, tout en allant au marché, songeait que s'il pouvait vendre ses pommes 0 fr. 25 pièce, non seulement il pourrait acheter un petit âne dont il avait envie, mais qu'il lui resterait encore 2 fr. 50. N'ayant trouvé acquéreur qu'à 0 fr. 15, il lui manque 12 fr. 50 pour faire la somme dont il a besoin pour acheter l'âne. On demande : 1° le nombre de pommes que le paysan avait; 2° le prix du petit âne; 3° le poids de la somme que le paysan a touchée, sachant qu'elle lui a été payée $\frac{1}{3}$ en monnaie de bronze et le reste en monnaie d'or.

Solution.

1° En vendant ses pommes 0 fr. 25 pièce, le paysan toucherait le prix de l'âne + 2 fr. 50; en ne les vendant que 0 fr. 15 pièce, pour faire le prix de l'âne il lui manque 12 fr. 50; par conséquent, chaque pomme étant vendue 0 fr. 10 de moins lui cause une différence de recette de 15 fr. Donc, autant de fois 0 fr. 10 sont contenus dans 15 fr., autant de pommes il possédait :

$$15 : 0,1 = 150 \text{ pommes.}$$

2° 150 pommes vendues 0 fr. 15 pièce lui ont procuré   22 fr. 50
Puisque, dans ce cas, il lui manque   12   50

C'est que le prix du petit âne est de   35 fr. »

3° $\frac{1}{3}$ de 22 fr. 50 $= 7$ fr. 50. Le centime pesant 1 gr., 7 fr. 50 en monnaie de billon pèsent   750 gr.

Les $\frac{2}{3}$ de 22 fr. 50 $= 15$ fr.

Le franc en argent pesant 5 gr., 15 fr. en argent pèseraient 15 fois 5 gr.; mais, à valeur égale, l'or pesant 15 fois $\frac{1}{2}$ moins, le poids de 15 fr. en or $= \dfrac{5 \times 15}{15,5} = $ 1 gr. 838

Dans ces conditions, la somme reçue par le paysan pèse donc   751 gr. 838

(Seine. — 1893. — *Aspirantes.*)

---

235. Un libraire achète à un éditeur 78 volumes marqués 2 fr. 50 avec 15 p. 0/0 de remise et 13 pour 12.

Faire le compte de ce qu'il doit.

Solution.

Nombre de volumes dus par le libraire : $\dfrac{78 \times 12}{13} = 72$.

Prix de ces 72 volumes : 2 fr. 50 $\times$ 72 = 180 fr.

Remise sur 180 fr. : $\dfrac{15 \times 180}{100} = 27$ fr.

Le libraire doit payer 180 fr. — 27 fr. = 153 fr.

(Seine. — 1893. — Aspirants.)

---

236. Une équipe d'ouvriers a fait en 28 jours un travail de terrassement. Diminuée d'un quart, cette équipe est chargée d'un travail analogue, qu'elle termine en 20 jours. Les deux tâches sont payées ensemble 2 902 fr. 50. Combien est-il dû aux ouvriers qui ont pris part aux deux entreprises? Combien est-il dû aux autres?

Solution.

Les $\dfrac{3}{4}$ de la première équipe ont fait le second travail en 20 jours;

l'équipe tout entière l'eût fait en 20 jours $\times \dfrac{3}{4} = 15$ jours.

Elle eût terminé les deux entreprises en 28 + 15 = 43 jours, et elle eût reçu pour ce travail 2 902 fr. 50.

Le prix de 28 journées serait de $\dfrac{2\,902 \text{ fr. } 50 \times 28}{43} = 1\,890$ fr.

Le second travail, ne représentant que 15 journées, coûterait $\dfrac{2\,902 \text{ fr. } 50 \times 15}{43} = 1\,012$ fr. 50

Les $\dfrac{3}{4}$ des ouvriers ont fait le second travail et ont reçu 1 012 fr. 50.

Ils ont pris part, en outre, au premier travail, pour lequel ils ont reçu 1 890 fr. $\times \dfrac{3}{4}$ = 1 417 fr. 50

Ils ont donc reçu en tout   2 430 fr. »

Et le $\dfrac{1}{4}$ qui n'a travaillé qu'à la première tâche a reçu   472 fr. 50

Total. . . 2 902 fr. 50

(Seine. — 1893. — Aspirants.)

237. Partager une gratification de 570 fr. entre 3 employés en raison directe de leurs années de service et en raison inverse de leurs appointements. Le premier a 18 années de service et 2 000 fr. d'appointements; le deuxième, 15 années de service et 1 800 fr. d'appointements; le troisième, 12 années de service et 1 500 fr. d'appointements.

Solution.

Si l'on nomme *une part* ce qu'on doit recevoir pour un an de service et un franc d'appointements, les sommes à toucher par les trois employés seront $\dfrac{18}{2\,000}$, $\dfrac{15}{1\,800}$, $\dfrac{12}{1\,500}$ de part, ou $\dfrac{27}{3\,000}$, $\dfrac{25}{3\,000}$, $\dfrac{21}{3\,000}$ de part.

Il suffit donc de partager 570 proportionnellement aux nombres 27, 25 et 21.

$$27 + 25 + 21 = 76.$$

Le premier employé touchera $\dfrac{570 \times 27}{76} = 202$ fr. 50.

Le deuxième — — $\dfrac{570 \times 25}{76} = 187$ fr. 50.

Le troisième — — $\dfrac{570 \times 21}{76} = 180$ fr. »

(Seine. — 1893. — *Aspirants.*)

---

238. Quelle somme faut-il placer à 5 p. 0/0 par an pour retirer au bout de 3 ans 4 mois et 15 jours la somme de 1 701 fr. 70, capital et intérêt simple réunis?

Solution.

3 ans 4 mois 15 jours font 40 mois $\dfrac{1}{2}$ ou 40 mois 5.

1 fr. en 40 mois 5, à 5 p. 0/0, rapporte $\dfrac{0,05 \times 40,5}{12} = 0$ fr. 16875 et devient 1 fr. 16875.

Capital placé : $\dfrac{1\,701,70}{1,16875} = 1\,456$ fr.

(Seine. — 1891. — *Aspirantes.*)

---

239. Un capital est divisé en deux parties telles que la seconde est les $\frac{4}{5}$ de la première. On place la première part à 3 p. 0/0, et la seconde à 4 p. 0/0. On a alors un revenu total annuel de 1 550 fr. Calculer le capital placé, ainsi que chacune des parts.

Solution.

Quand la première part compte 5 fr., la seconde comprend 4 fr.

Revenu annuel de 5 fr. à 3 p. 0/0, 0 fr. 03 $\times$ 5 = 0 fr. 15; de 4 fr. à 4 p. 0/0, 0 fr. 04 $\times$ 4 = 0 fr. 16; revenu total :

$$0 \text{ fr. } 15 + 0 \text{ fr. } 16 = 0 \text{ fr. } 31.$$

Autant de fois 0 fr. 31 seront contenus dans 1 550 fr., autant de fois la première part comprendra 5 fr., et la seconde 4 fr. Or

$$\frac{1\,550}{0,31} = \frac{155\,000}{31} = 5\,000.$$

Première part, 5 fr. $\times$ 5 000 = 25 000 fr.
Seconde part, 4 fr. $\times$ 5 000 = 20 000 fr.
Capital entier, 25 000 fr. + 20 000 fr. = 45 000 fr.

(Seine. — 1894. — Aspirantes.)

---

240. Un homme qui avait une propriété de 26 hectares en a fait 2 lots, dont il a vendu le premier à 3 600 fr. l'hectare, et le second à 4 800 fr. l'hectare. Il a placé l'argent de la première vente à 4 p. 0/0, et celui de la seconde vente à 3 fr. 50 p. 0/0. Les deux placements lui rapportant le même intérêt annuel, on demande la superficie de chaque lot.

Solution.

Le prix d'un hectare du second lot rapporte $\dfrac{3,50 \times 4\,800}{100} = 168$ fr.

A 4 p. 0/0, 168 fr. d'intérêt représentent un capital de $\dfrac{100 \times 168}{4}$ = 4 200 fr., c'est-à-dire le prix de $\dfrac{4\,200}{3\,600} = \dfrac{7}{6}$ d'hectare du premier lot.

Ainsi, $\dfrac{7}{6}$ d'hect. du premier lot produisent autant d'intérêt que 1 hect. ou $\dfrac{6}{6}$ d'hect. du second lot, ou 7 hect. du premier autant que 6 hect. du second.

5.

Sur un total de $7 + 6 = 13$ hect., il en faut 7 du premier lot. Or, 7 formant les $\frac{7}{13}$ de 13, le premier lot contient les $\frac{7}{13}$ de la propriété, ou $\frac{26 \times 7}{13} = 14$ hect., et le second lot, $26 - 14 = 12$ hect.

(Seine. — 1893. — Aspirantes.)

---

241. Un propriétaire possédait un champ de forme rectangulaire, ayant une largeur égale aux $\frac{2}{3}$ de sa longueur. Il l'a vendu à raison de 140 fr. l'are. La somme provenant de cette vente a été placée au taux de 4,5 p. 0/0, et, au bout de deux ans, elle est devenue, capital et intérêts compris, 58 598 fr. 40. Quelles étaient les dimensions du champ?

Solution.

Intérêt de 1 fr. pour 2 ans, 0 fr. 045 $\times$ 2 = 0 fr. 09.

1 fr. devient après 2 ans 1 fr. 09.

La somme placée vaut autant de fois 1 fr. que 1 fr. 09 est contenu dans 58 598 fr. 40, soit 53 760 fr.

Nombre d'ares contenus dans le champ, $\frac{53\,760}{140} = 384$ ares.

Cette surface égalant le produit de la longueur par les $\frac{2}{3}$ de cette longueur, la longueur vaut en mètres la racine carrée des $\frac{3}{2}$ de 38 400; soit $\sqrt{57\,600} = 240$.

Longueur $= 240$ mètres.

Largeur $= 160$ mètres.

(Seine. — 1893. — Aspirants.)

---

242. Un marchand a du vin qui lui revient à 0 fr. 60 et 0 fr. 90 le litre. Combien doit-il prendre de litres de chaque qualité pour faire un mélange de 1650 litres, tel que, vendu 0 fr. 80 le litre, il lui procure un bénéfice de 10 p. 0/0?

Solution.

Pour gagner 10 p. 0/0 sur son prix de revient, le marchand doit revendre son vin $\frac{1}{10}$ plus cher qu'il ne lui a coûté, soit donc 0 fr. 66 et 0 fr. 99 le litre.

Lorsqu'il vendra 0 fr. 80 un litre de vin marqué 0 fr. 66, il gagnera $80 - 66 = 0$ fr. 14.

Lorsqu'il vendra 0 fr. 80 un litre de vin marqué 0 fr. 99, il perdra $99 - 80 = 0$ fr. 19.

Pour qu'il y ait compensation, il devra prendre 19 litres à 0 fr. 66 contre 14 à 0 fr. 99.

En effet, 19 litres à 0 fr. 66 donneront un excès de gain de 19 fois 0 fr. 14, tandis que 14 litres à 0 fr. 99 donneront un excès de perte de 14 fois 0 fr. 19.

Or, comme 19 fois $14 = 14$ fois 19, il y aura bien compensation.

Par suite, autant de fois, $19 + 14 = 33$ litres sont contenus dans 1 650, autant de fois il devra prendre 19 litres de la qualité inférieure et 14 litres de la qualité supérieure.

$$\frac{1\,650}{33} = 50.$$

Le nombre de litres à prendre à 0 fr. 60 sera donc de 50 fois $19 = 950$.

Le nombre de litres à prendre à 0 fr. 90 sera donc de 50 fois $14 = 700$.

(Seine. — 1893. — Aspirantes.)

---

243. On fond une somme de 6 000 fr. en pièces de 5 fr., pour en fabriquer un nombre égal de pièces de 1 fr. et 0 fr. 50. — On demande quelle quantité de cuivre il faut ajouter à l'alliage, et combien de pièces de chaque sorte on pourra faire avec le nouveau lingot.

Solution.

1º Poids total des 6 000 fr. en argent :

$$5 \text{ gr.} \times 6\,000 = 30\,000 = 30 \text{ kilog.}$$

2º Poids de l'argent pur : 30 kilog. $\times 0,9 = 27$ kilog.; 27 kilog. représentent les 0,835 du poids total du nouvel alliage.

3º Poids du nouvel alliage : $\dfrac{27 \times 1\,000}{835} = 32$ kilog. 335.

4º Poids du cuivre à ajouter :

$$32 \text{ kilog. } 335 - 30 \text{ kilog.} = 2 \text{ kilog. } 335.$$

5º Une pièce de 1 fr. et une pièce de 0 fr. 50 pèsent ensemble 5 gr. $+ 2$ gr. $50 = 7$ gr. 50 : donc autant de fois 7 gr. 50 seront contenus dans 32 kilog. 335, autant on pourra faire de pièces de chaque sorte, ce qui donne :

$$\frac{32\,335}{7,5} = 4\,311 \text{ pièces, et il reste 2 gr.,5.}$$

(Seine. — 1893. — Aspirantes.)

IV.

QUESTIONS COMPLÈTES
(Théorie et Problème).

1° ASPIRANTS.

244. I. — Dans un calcul on trouve pour une durée 3 h. 586. Exprimer ce temps en heures, minutes et secondes à $\frac{1}{10}$ de seconde près.

II. — Exprimer 46 minutes et 17 secondes en fraction décimale à $\frac{1}{10000}$ près, l'heure étant prise pour unité.

III. — Une marchande a acheté des pommes à 0 fr. 75 la douzaine. Après un triage convenable, elle en forme trois tas; l'un, de qualité supérieure, comprend le tiers de son achat; le second, de qualité moyenne, représente le $\frac{1}{5}$; et le troisième, de qualité médiocre, comprend le reste. Elle se propose de revendre la première partie à 1 fr. la douzaine, la seconde à 0 fr. 90 et la troisième à 0 fr. 80. Dans ces conditions elle réalisera un bénéfice de 110 fr. 70. Combien de douzaines de pommes avait-elle achetées?
On fera la vérification des résultats.

(Alpes-Maritimes. — 1894. — Aspirants.)

---

245. I. — Un père de famille achète pour sa consommation 500 kilog. de vendange, qu'il paye à raison de 28 fr. le quintal métrique, et qui lui donnent 350 litres de vin. Il achète, en outre, 200 litres d'un autre vin à 65 fr. l'hectolitre. Il fait un mélange de ces deux vins et il y ajoute une certaine quantité d'eau. Après cela, la bouteille de 75 centil. de ce mélange lui revient à 0 fr. 27. Quelle est la quantité d'eau employée?

II. — Expliquez la réduction des fractions au même dénominateur sur un exemple que vous choisirez vous-même.
(Cas de deux fractions et cas de plus de deux fractions.)

(Ardèche. — 1893. — *Aspirants*.)

---

246. I. — Démontrer que le produit de deux facteurs contient au plus autant de chiffres qu'il y en a dans ces deux facteurs et au moins autant moins un qu'ils en contiennent eux-mêmes.

II. — Avec 492 grammes d'acide sulfurique et 315 grammes de zinc, on obtient 10 grammes d'hydrogène. — Combien faut-il d'acide sulfurique et de zinc pour produire le gaz nécessaire au gonflement d'un ballon dont la contenance équivaut à celle d'une salle ayant pour dimensions 8 m. 75, 64 décimètres, 375 centimètres?
Un litre d'air pèse 1 gr. 3, et le poids de l'hydrogène est les 0,069 de celui de l'air.

(Charente-Inférieure. — 1891. — *Aspirants*.)

---

247. I. — Quels changements peut-on faire subir aux deux termes d'une fraction sans changer la valeur de cette fraction? Démontrez-le et indiquez quelles applications on fait de ces principes en arithmétique.

II. — On veut fabriquer 8 500 fr. de monnaie divisionnaire d'argent en alliant deux lingots d'argent aux titres de 0,800 et de 0,900.
Quels doivent être les poids de ces deux lingots?

(Doubs. — 1893. — *Aspirants*.)

---

248. I. — Que devient le produit de deux nombres si on multiplie l'un de ces nombres par $\frac{3}{4}$ et qu'on divise l'autre par $\frac{5}{8}$? — Règle et démonstration.

II. — Une personne a divisé un certain capital en deux parties, qui sont entre elles dans le même rapport que les deux fractions $\frac{3}{5}$ et $\frac{6}{7}$. La première de ces deux parties a été placée à $4\frac{1}{2}$ p. 0/0, et l'autre à $3\frac{1}{2}$ p. 0/0. Au bout de 20 mois, l'intérêt simple s'est élevé à 3 620 fr. — Quelles sont les deux sommes placées? — Vérification.

(Drôme. — 1893. — *Aspirants.*)

---

249. I. — Réduire au même dénominateur les deux fractions $\frac{24}{45}$ et $\frac{17}{20}$.

Définition. Règle. Démonstration. — Cette question a-t-elle plusieurs solutions?

II. — Une personne possède un titre de rente 3 p. 0/0, et chaque hausse de 0 fr. 15 dans le cours de la rente correspond à un accroissement de 100 fr. dans son capital. — On demande à quelle quotité de rente s'élève son titre.

Quel doit être le cours de la rente pour que le prix de ce titre soit 70 000 fr.?

(Finistère. — 1894. — *Aspirants.*)

---

250. I. — Que devient une fraction dont les deux termes sont augmentés d'un même nombre? Démonstration.

II. — Faire la théorie de la preuve de la multiplication par 9.

III. — On a acheté 12 litres de lait. Pour savoir si le marchand y a mis de l'eau, on pèse ce liquide et l'on trouve 12 kilog. 300. Dire s'il y a de l'eau et en quelle quantité, sachant que la densité du lait est de 1,03.

(Gers. — 1893. — *Aspirants.*)

---

251. I. — Un propriétaire a donné à ses vignes, dans une année, trois traitements à la bouillie bordelaise contre le mildiou. Les frais du 2ᵉ traitement ont été les $\frac{5}{6}$ de ceux du 1ᵉʳ, et ceux du 3ᵉ, les $\frac{3}{5}$ de ceux du 2ᵉ. — On demande à combien revient chaque traitement par hectare, sachant que la somme qu'il a dépensée a réduit de 5 à $4\frac{1}{2}$ p. 0/0 le revenu de sa propriété, qui contient 6 hectares et qui est estimée 35 400 fr.

II. — Démontrer qu'une fraction ordinaire peut être considérée comme le quotient de son numérateur par son dénominateur. Expliquer ensuite comment on réduit la fraction $\frac{5}{11}$ en millièmes. Donner le résultat à 0,001 près par excès.

(Gironde. — 1893. — Aspirants.)

---

252. I. — Combien de cas peut-il se présenter dans la division des nombres décimaux? Établir la règle à suivre dans chacun de ces cas.

II. — Les frais nécessaires pour extraire le cuivre d'un certain minerai s'élèvent à 5 fr. 75. On a acheté à raison de 18 fr. le quintal une certaine quantité de ce minerai, dont la richesse en cuivre est de 0,12. Lorsqu'on extrait le cuivre, on en perd les 0,02 pendant l'opération. — A quel prix revient le quintal de cuivre?

(Isère. — 1891. — Aspirants.)

---

253. I. — Comment construit-on une table de Pythagore, et comment s'en sert-on?

II. — Deux trains de chemin de fer effectuent le trajet de Paris à Toulouse, le premier en 15 h. 40 m., le second en 25 h. 22 m. On sait que, en une heure, le premier train parcourt 18 kilom. $\frac{1}{3}$ de plus que le second. — On demande :

1° De calculer à un décamètre près la vitesse de chaque train;

2° De calculer à un kilomètre près la distance de Paris à Toulouse.

(Jura. — 1893. — Aspirants.)

---

254. I. — Un lingot d'argent pur a la forme d'un prisme rectangulaire et droit de 84 mm. de long, 45 mm. de large et 24 mm. d'épaisseur.

On le fond et on y ajoute le cuivre nécessaire à la préparation des pièces de 5 fr. La densité de l'argent est 10,47. — Calculer le nombre de pièces de 5 fr. que l'on obtiendra et le poids de l'alliage non employé.

II. — Ce que l'on appelle plus petit commun multiple de plusieurs nombres. Comment trouve-t-on ce plus petit multiple? Son application à la réduction des fractions au même dénominateur.

(Lozère. — 1894. — Aspirants.)

---

255. I. — Un train part de Paris pour Lyon à 8 h. 45 m. du matin, avec une vitesse de 30 kilom. à l'heure; un autre train part de Lyon pour Paris à 1 h. $\frac{1}{4}$ de l'après-midi, avec une vitesse de 51 kilom. à l'heure.

A quelle heure et à quelle distance de Paris se croiseront-ils? La distance de Paris à Lyon est de 512 kilom.

II. — Division d'une fraction par une autre; donner la règle et l'expliquer. Considérer le cas où la fraction dividende a ses deux termes divisibles par les deux termes correspondants de la fraction diviseur. Exemple $\frac{42}{143} : \frac{7}{11}$.

(Oran. — 1893. — Aspirants.)

2° ASPIRANTES.

256. I. — On a un tube en or pur dont le diamètre extérieur est de 0 m. 036 et le diamètre intérieur de 0 m. 033; la longueur du tube est de 0 m. 12. On verse dans la partie creuse du tube de l'argent fondu qu'on laisse refroidir, de manière à remplir toute cette partie creuse et à former avec l'or une masse compacte, sans vide ni solution de continuité. On demande :

1° Le poids total de la masse d'or et d'argent ainsi obtenue;

2° Le poids de cuivre qu'il faudrait ajouter à cette masse, si on voulait la monnayer, au titre des monnaies non divisionnaires.

(L'or a pour densité 19,25 et l'argent 10,47.)

II. — Vous avez à expliquer à des élèves d'une école primaire (cours moyen ou supérieur à votre choix) la marche à suivre pour effectuer la division des nombres décimaux; indiquez la ou les méthodes que vous connaissez, et dites celle que vous emploieriez, en justifiant votre préférence.

(Alger. — 1893. — Aspirantes.)

---

257. I. — Que devient une fraction plus petite que l'unité lorsqu'on ajoute un même nombre à ses deux termes?

Quel nombre faudrait-il ajouter aux deux termes de la fraction $\frac{7}{13}$ pour obtenir une nouvelle fraction qui différerait de l'unité de $\frac{1}{100}$?

II. — Un libraire achète à un éditeur 260 volumes marqués au catalogue, la moitié à 0 fr. 80 l'un, l'autre moitié à 1 fr. 50, pour en faire la livraison à une commune avec une remise de 15 p. 0/0 sur le prix du catalogue. L'éditeur fait payer 12 volumes sur 13, il fait une remise de 33 p. 0/0 et en outre un escompte de 2 p. 0/0 sur la facture. Les frais de port à la charge du libraire se sont élevés à 12 fr. 50. — On demande de calculer :

1° Ce que la ville doit au libraire;

2° Ce que le libraire a payé à l'éditeur;

3° Le bénéfice du libraire pour 100 sur les déboursés.

(Hautes-Alpes. — 1891. — *Aspirantes.*)

---

258. I. — Un train part de Lyon à 9 h. 20 m. du matin et arrive à Nîmes à 3 h. 20 m. du soir. Un autre train part de Nîmes à midi et se dirige sur Lyon avec la même vitesse que le précédent. — On demande à quelle heure et à quelle distance de chacune de ces villes ces deux trains se rencontreront. La distance de Lyon à Nîmes est de 280 kilom.

II. — Exposer la numération écrite des nombres entiers et celle des nombres décimaux.

(Ardèche. — 1891. — *Aspirantes.*)

---

259. I. — Quels procédés peut-on employer pour faire la preuve de la division? Les appliquer à l'exemple 38 752 : 21. — Quel est l'avantage de chacun de ces procédés?

II. — On veut fabriquer des pièces de 5 fr. en argent avec une somme de 48 750 fr. et composée de pièces divisionnaires dont les $\frac{2}{3}$ ont perdu par usure $\frac{1}{130}$ de leur poids. — Quelle quantité d'argent pur faudra-t-il ajouter? Combien de pièces de 5 fr. pourra-t-on obtenir?

(Aube. — 1891. — *Aspirantes.*)

---

260. I. — Quelle fraction de $\frac{6}{7}$ faut-il prendre pour avoir $\frac{3}{4}$? Expliquer l'opération qui en résulte et faire la preuve.

II. — Un tonneau vide pèse 25 kilogr. 300; rempli de vin de Bourgogne dont la densité est 0,99, il pèse 253 kilogr. Le vin a été acheté à raison de 35 fr. 60 l'hectolitre; les frais de transport et autres se sont élevés à 8 fr. 55 par hectolitre. —

On demande la somme due au vendeur, à combien revient le tonneau rendu en cave, et à quel prix on doit vendre le litre de ce vin pour gagner 52 fr. sur la vente au détail de tout le tonneau.

(Constantine. — 1893. — Aspirantes.)

---

261. I. — Énoncer et démontrer la règle de la division d'une fraction par une fraction.

II. — Le tapis qui recouvre une table rectangulaire de 2 m. de long sur 1 m. 40 de large retombe tout autour de 0 m. 25 et a été acheté au prix de 18 fr. 50 le mètre carré. On le double avec une étoffe de 0 m. 60 de large à 1 fr. 75 le mètre linéaire et on le borde d'une frange à 1 fr. 25 le mètre courant. Quel est le prix de revient de ce tapis?

(Doubs. — 1893. — Aspirantes.)

---

262. I. — Démontrer que pour diviser la fraction $\dfrac{39}{161}$ par la fraction $\dfrac{3}{7}$ on peut diviser les deux termes de la première par les termes correspondants de la seconde.

II. — Les recettes d'une compagnie de chemins de fer pendant une année ont été employées de la façon suivante : 41 p. 0/0 ont servi à payer les frais de l'exploitation, 56 p. 0/0 à donner au capital un intérêt de $3\frac{1}{2}$ p. 0/0, et le reste, 150 000 fr., a été mis en réserve. Trouver le capital de la société.

(Ille-et-Vilaine. — 1894. — Aspirantes.)

---

263. I. — Une personne a mis ses fonds dans une entreprise et reçoit, au bout de 5 ans 2 mois, 182 000 fr., capital et bénéfice compris. Le bénéfice est les $\dfrac{2}{5}$ du capital. — Quel est le taux du placement?

II. — Expliquer la division de $\dfrac{2}{3}$ par $\dfrac{5}{7}$.

III. — Démontrer qu'un produit de plusieurs facteurs ne change pas lorsqu'on intervertit d'une manière quelconque l'ordre des facteurs.

(Haute-Loire. — 1893. — *Aspirantes.*)

---

264. I. — Exposez et démontrez le caractère de divisibilité par 9. Comment peut-on trouver le reste de la division d'un nombre entier par 9 sans faire l'opération?

II. — Deux fontaines coulent dans un même bassin. La première le remplirait seule en 12 heures ; la seconde en 5 heures. Le bassin est muni d'un robinet qui permettrait de le vider en 7 heures. — Le bassin étant vide et le robinet ouvert, on demande de calculer en combien de temps le bassin sera rempli, les deux fontaines coulant ensemble dans le bassin.

(Départements de l'Académie de Lyon. — 1894. — *Aspirantes.*)

---

265. I. — Démontrer que chaque unité de surface en vaut 100 de l'ordre immédiatement inférieur. En conclure la manière d'écrire un nombre exprimant une surface. Donner un exemple.

II. — Une voiture faisant 11 kilom. à l'heure part de Laval à 7 h. du matin. A quelle heure part de la même ville un courrier qui, faisant 250 m. par minute, rejoint la voiture après 2 kilom. 45 m. de marche?

(Mayenne. — 1891. — *Aspirantes.*)

---

266. I. — Pourquoi et comment réduit-on plusieurs fractions au même dénominateur? Peut-on opérer de plusieurs manières? Quel dénominateur doit-on choisir de préférence? Expliquer la théorie de l'opération sur les trois fractions :
$$\frac{2}{3}, \frac{5}{6}, \frac{7}{8}.$$

II. — Une classe a 9 m. 80 de longueur, 7 m. 50 de largeur et 4 m. de hauteur. On demande :

1° Quel est le nombre d'élèves qu'elle pourra contenir à raison de 1 mq. $\frac{1}{2}$ par élève?

2° Quel sera le volume d'air par élève?

3° Quelle sera la quantité d'oxygène contenue dans la salle, sachant que dans un volume d'air il y a 21 p. 0/0 d'oxygène?

(Meurthe-et-Moselle. — 1891. — *Aspirantes.*)

---

267. I. — Démontrer la règle à suivre pour faire la multiplication de deux fractions sur l'exemple suivant : $\frac{11}{21} \times \frac{7}{33}$. Simplifier le résultat.

Déduire de la règle relative à la multiplication de deux fractions ordinaires celle qui est relative à la multiplication des nombres décimaux. Raisonner sur l'exemple $17,85 \times 6,9$.

II. — Un objet, formé d'argent et de cuivre, pèse 7 kil. 3188, et son volume est de 720 centim. cubes. L'argent pesant 10,5 et le cuivre 8,7 fois plus que l'eau sous le même volume, on demande :

1° En volume et en poids, la quantité d'argent pur et la quantité de cuivre contenues dans cet objet;

2° Le titre de cet objet par rapport à l'argent.

(Nord. — 1893. — *Aspirantes.*)

---

268. I. — Une somme placée pendant 5 mois est devenue avec les intérêts 1263 fr. 25; la même somme placée pendant 11 mois est devenue avec les intérêts 1285 fr. 15. — Quelle est la somme placée et quel est le taux de l'intérêt?

II. — Retrancher $6\frac{2}{3}$ de $11\frac{4}{7}$.

Combien y a-t-il de manières de faire l'opération? Les expliquer.

(Haute-Saône. — 1893. — *Aspirantes.*)

---

269. I. — Diviser 23 par $\frac{3}{4}$. Énoncez et démontrez la règle qui sert à faire cette opération.

II. — Quel serait le titre d'un alliage obtenu en fondant ensemble 3 pièces de 5 fr. et 17 pièces de 1 fr.?

III. — Deux trains, animés chacun d'une vitesse uniforme, parcourent une même rampe AB en sens inverse. S'ils partaient au même instant des points A et B, ils se croiseraient en un point C situé à 15 kilom. 7 du point B et à 9 kilom. 4 du point A. Pour qu'ils se croisent exactement au milieu de AB, il faudrait que le départ du train qui part de A eût lieu 7 minutes avant le départ du train qui part de B. Quelle est la vitesse de chacun de ces deux trains?

(Savoie et Haute-Savoie. — 1891. — Aspirantes.)

---

270. I. — Un industriel a 3 billets à payer : le premier de 2 400 fr. à 36 jours; le second de 5 300 fr. à 45 jours, et le troisième de 8 400 fr. à 90 jours. Il désirerait payer ce qu'il doit en une seule fois à 40 jours. — Quel sera le montant du nouveau billet, le taux de l'escompte étant 4 p. 0/0?

II. — Quelle fraction de $\frac{7}{9}$ faut-il prendre pour obtenir $\frac{2}{5}$?

Expliquez la fraction qui en résulte et faites la preuve.

(Départements de l'Académie de Paris, excepté la Seine. — 1891. — Aspirantes.)

---

271. I. — Comment reconnaît-on qu'un nombre est divisible par 125? Démonstration.

Indiquer les moyens rapides que l'on peut employer pour multiplier ou diviser un nombre par 125. En faire l'application sur le nombre 4 837,171.

II. — Deux sommes, l'une de 9 300 fr., l'autre de 8 700 fr., sont placées à intérêts simples, la première à 4 p. 0/0, la seconde à 6 p. 0/0. — On demande dans combien de temps ces deux capitaux, augmentés de leurs intérêts, seront devenus égaux.

(Seine. — 1893. — Aspirantes.)

272. I. — Un marchand a acheté 15 barils d'huile à 170 fr. l'hectolitre. Il a revendu le tout avec un bénéfice de 12 p. 0/0 sur le prix d'achat. Avec ce bénéfice, il pourrait acquérir une pièce de terre rectangulaire de 74 m. 25 de long sur 36 m. 75 de large, à raison de 7 235 fr. l'hectare. — Trouver combien chaque baril contenait de litres d'huile.

II. — Démontrer que le produit de deux facteurs ne change pas quand on intervertit l'ordre des facteurs. A quoi peut servir cette interversion des facteurs?

(Somme. — 1893. — Aspirantes.)

---

273. I. — Faire connaître le système des monnaies françaises.

II. — On achète pour la somme de 18 500 fr. une maison qui est louée annuellement 780 fr. Les dépenses pour assurances, entretien, frais divers, sont évaluées chaque année à $\frac{3}{10}$ p. 0/0 du prix d'achat. — A quel taux a-t-on placé son argent? Y aurait-il eu avantage à le placer en rentes françaises $4\frac{1}{2}$ p. 0/0 achetées au cours de 105 fr.?

(Vendée. — 1893. — Aspirantes.)

Brevet supérieur

I.

QUESTIONS D'ARITHMÉTIQUE.

1° THÉORIE ARITHMÉTIQUE.

274. Multiplier 25 par $\frac{3}{4}$.

Faire la théorie de cette opération.

Montrer à ce propos pourquoi et comment il convient de modifier la définition de la multiplication applicable aux seules opérations dont le multiplicateur est un nombre entier, pour que cette définition s'applique également aux opérations dont le multiplicateur est une fraction.

(Gers. — 1893. — Aspirantes.)

275. Démontrer que le quotient exact de deux nombres entiers ou fractionnaires ne change pas quand on les multiplie ou qu'on les divise préalablement par un même nombre entier.

On considérera successivement les données suivantes :

$$1° \quad 72 : 12.$$
$$2° \quad 76 : 12.$$
$$3° \quad \frac{76}{15} : \frac{8}{21}.$$

(Landes. — 1893. — Aspirantes.)

276. Définir ce que l'on entend par quotient exact et par quotient approché à un centième près de deux nombres.

Calculer ces quotients quand $\frac{2}{3}$ est le dividende et $\frac{5}{7}$ le diviseur.

Trouver tous les nombres entiers de trois chiffres dont 3 est le chiffre des dizaines, et qui sont à la fois divisibles par 2 et par 11.

(Puy-de-Dôme. — 1891. — *Aspirantes.*)

277. Le nombre 7 854 est divisible par 3 et par 6; l'est-il par 18? Il est aussi divisible par 3 et par 7; l'est-il par 21? A quelle condition un nombre divisible par deux autres est-il divisible par leur produit? Démonstration.

(Départements de l'Académie de Bordeaux. — 1891. — *Aspirantes.*)

278. Définir et calculer le plus grand commun diviseur des nombres 365 et 135, sans décomposer ces nombres en facteurs premiers. — Faire la théorie de l'opération effectuée.

(Gers. — 1893. — *Aspirants.*)

279. Démontrer que le plus grand commun diviseur de deux nombres est le même que le plus grand commun diviseur de l'un d'eux et de leur différence; dans quel cas ce principe permet-il de diminuer le nombre des divisions dans la recherche du plus grand commun diviseur de 2 nombres? Exemple.

(Oran. — 1891. — *Aspirantes.*)

280. Étant donnés les 3 nombres :

$$A = 2^3 \times 3^3 \times 5 \times 7,$$
$$B = 2 \times 3^2 \times 5^2 \times 11 \times 13,$$
$$C = 2^4 \times 3 \times 5 \times 7,$$

trouver leur plus petit multiple commun et leur plus grand commun diviseur. — Démontrer l'opération.

(Charente-Inférieure. — 1891. — *Aspirantes.*)

281. Quelle est la condition nécessaire et suffisante pour qu'une fraction ordinaire puisse être transformée en une autre fraction équivalente de dénominateur donné? Prendre pour exemple la fraction $\dfrac{9}{12}$, que l'on transformera en une fraction ayant pour dénominateur 20.

(Pas-de-Calais. — 1893. — *Aspirantes.*)

6.

282. Trouver, à l'aide d'un raisonnement, une fraction ordinaire qui équivale à $\frac{9}{5}$ et telle que la somme des deux termes soit 56. Le problème serait-il possible si, au lieu d'être 56, la somme des deux termes était un nombre entier quelconque?

(Landes. — 1893. — *Aspirantes.*)

283. Trouver la fraction génératrice de la fraction périodique 0,45912912.....

(Dordogne. — 1894. — *Aspirants.*)

***284.** Énoncer et démontrer la condition nécessaire et suffisante que doivent remplir les termes d'une fraction donnée pour que cette fraction soit le carré d'une autre fraction.

(Puy-de-Dôme. — 1894. — *Aspirants.*)

285. Conversion des fractions ordinaires en fractions décimales.

Définition. Règle. Peut-on prévoir, à l'examen des termes de la fraction proposée, la nature de la fraction décimale correspondante?

Démontrer et donner des exemples.

(Landes. — 1893. — *Aspirantes.*)

286. Énoncer et démontrer quelle est la condition nécessaire et suffisante pour qu'il existe une fraction décimale équivalente à une fraction irréductible donnée.

(Puy-de-Dôme. — 1893. — *Aspirants.*)

287. Expliquer sur le nombre 436 875 l'extraction de la racine carrée.

(Loire-Inférieure. — 1893. — *Aspirants.*)

288. Extraction à $\frac{1}{100}$ près de la racine carrée : 1° du nombre 27; 2° du nombre 3,14159; 3° du nombre $\frac{3}{4}$.

Définition. — Théorie. — Règle pratique.

(Allier. — 1894. — *Aspirants.*)

289. Faire la théorie de la racine carrée approchée, à une unité près, d'un nombre entier, en prenant pour exemple le nombre 55 875.

(Puy-de-Dôme. — 1891. — *Aspirantes.*)

290. Calculer deux nombres, sachant que l'un est le double de l'autre, et que la somme de leurs carrés égale 308 898.

(Départements de l'Académie de Bordeaux. — 1891. — *Aspirantes.*)

291. A quels caractères reconnaîtrait-on si un nombre entier donné est la différence des cubes de deux nombres entiers consécutifs? S'il en est ainsi, comment peut-on trouver ces deux cubes? Application au nombre 547.

(Vendée. — 1891. — *Aspirants.*)

292. Démontrer que, dans toute proportion, la somme des deux premiers termes est à leur différence comme la somme des deux derniers est à leur différence.

(Charente. — 1891. — *Aspirantes.*)

293. Partage d'un nombre en parties proportionnelles à des nombres donnés. — Définition. — Théorie. — Règle pratique. — (Cas où les nombres donnés sont entiers ou fractionnaires.)

(Allier. — 1891. — *Aspirantes.*)

--------•❈❈❈•--------

2° FRACTIONS. — SYSTÈME MÉTRIQUE. — RAPPORTS ET PROPORTIONS. — RÈGLE DE TROIS.

294. Trois blocs de glace sont tels que le volume du premier surpasse de $\frac{1}{9}$ celui du deuxième, que celui du deuxième n'est que les $\frac{16}{18}$ de celui du troisième, et que la différence

entre les volumes du premier et du troisième est de
1 mc.005090,

Calculez la quantité d'eau que donnera la fusion de cette
glace en supposant que l'eau augmente de $\frac{1}{8}$ de son volume
en passant de l'état liquide à l'état solide.

(Rhône. — 1893. — *Aspirantes.*)

295. On distribue une somme entre 4 personnes : la pre-
mière reçoit le $\frac{1}{5}$ de la somme; la 2ᵉ reçoit en plus les $\frac{3}{5}$ de
la somme attribuée à la 1ʳᵉ; la 3ᵉ n'obtient que les $\frac{5}{6}$ de la
part de la 2ᵉ; enfin, on donne à la 4ᵉ le reste de la somme
qui s'élève à 16 000 fr. Calculez la somme totale et les
sommes partielles reçues par les trois premières personnes.

(Pas-de-Calais. — 1891. — *Aspirantes.*)

————————

296. Une personne qui avait acheté un terrain au prix de
4 500 fr. l'hectare, le revend à raison de 5 000 fr. l'hectare.
En mesurant le terrain pour cette vente, on trouve que sa
contenance est inférieure de 15 ares à l'évaluation qui en
avait été faite au moment de l'achat; néanmoins le vendeur
gagne 5 $\frac{115}{117}$ p. 0/0 sur le prix d'achat. — Calculer la contenance de ce terrain.

(Corrèze. — 1893. — *Aspirants.*)

297. Une marchande a 100 pêches de 2 qualités; elle se
propose de vendre celles de la première 0 fr. 15 la pièce, et
celles de la seconde, 0 fr. 10. On lui propose de les lui acheter toutes à raison de 0 fr. 25 les deux. Elle accepte et reçoit
0 fr. 70 de moins que si elle avait vendu toutes ses pêches
séparément. — Combien avait-elle de pêches de chaque catégorie?

(Gers. — 1893. — *Aspirantes.*)

298. Une dame a acheté dans une vente 1 m. de drap et
3 m. de toile pour 8 fr. 70. Trouvant l'achat avantageux, elle

revient à la vente et prend au même prix 10 m. du même drap et 20 m. de la même toile. Elle débourse cette fois 72 fr. Rentrée chez elle, elle a oublié le prix du mètre de drap et celui du mètre de toile.

Par quel raisonnement pourra-t-elle retrouver ces deux prix sans tâtonnement ?

(Hautes-Pyrénées. — 1893. — Aspirantes.)

299. Le café vert en grains vaut 3 fr. 85 le kilog.; torréfié, il perd $\frac{1}{5}$ de son poids. — On demande : 1° à combien revient le kilog. de café torréfié; 2° combien il faudra vendre le kilog. de ce café pour réaliser un bénéfice de 12 p. 0/0.

(Hautes-Alpes. — 1891. — Aspirantes.)

300. Un marchand gagne 18 p. 0/0 sur le prix d'achat en vendant une pièce de toile à raison de 2 fr. 97 le mètre. Il vend à ce prix un certain nombre de mètres de la pièce et réalise un bénéfice de 18 fr. 80. Voulant alors quitter le commerce et écouler plus rapidement sa marchandise, il vend le reste avec un rabais de $8\frac{2}{3}$ p. 0/0 sur le prix de vente. Le bénéfice ainsi réalisé dans la vente totale de la pièce étant de 98 fr. 20, on demande :

1° Le prix d'achat du mètre ;

2° Le nombre de mètres vendus après la diminution du prix de vente ;

3° A combien p. 100 se trouve réduit le bénéfice sur le prix d'achat ;

4° Le nombre de mètres de la pièce.

(Ardèche. — 1891. — Aspirantes.)

301. La roue de devant d'un bicycle a 3 m. 60 de circonférence ; celle de derrière a 1 m. 56.

Trouver l'espace parcouru lorsque la roue de derrière aura fait 120 tours de plus que celle de devant.

(Lozère. — 1893. — Aspirantes.)

302. Une commune peut construire, pour établir une communication, soit un pont en bois coûtant 40 000 fr. et devant servir 30 ans, soit un pont en pierre coûtant 120 000 fr., mais devant servir toujours. On ne tient pas compte, dans les deux cas, des frais d'entretien.

On demande quelle est la plus économique des deux constructions, l'intérêt étant 5 p. 0/0 et le capital emprunté pour la construction devant être amorti au moyen d'annuités successives égales, payables à la fin de chaque année et réparties sur tout le nombre d'années que durera le pont. Établir la formule connue sur laquelle on devra s'appuyer.

(Gers. — 1891. — Aspirants.)

303. Un kilog. de mercure, versé dans un tube cylindrique, y forme à la température 0° une colonne de 0 m. 76 de hauteur; la densité du mercure à 0° est 13,6; son coefficient de dilatation est 0,000179. — On demande de calculer :

1° Le rayon intérieur du tube à la température 0°;

2° La hauteur à laquelle s'élèvera le mercure à une température de 25°.

(On négligera la dilatation du tube, qui sera considéré comme conservant le même diamètre intérieur.)

(Loire-Inférieure. — 1893. — Aspirants.)

304. Dans un bassin rectangulaire dont la largeur est les $\frac{5}{8}$ de la longueur, l'eau monte à une hauteur de 0 m. 56; le bassin contient alors 37 408 litres.

1° Trouver la longueur et la largeur à moins d'un centimètre près.

2° Définir ce qu'on entend par racine carrée d'un nombre à moins d'un centième près, et faire voir que la longueur a bien été obtenue à moins d'un centième près.

(Nièvre. — 1893. — Aspirantes.)

305. Un vase cylindrique a un rayon de 0 m. 375: on y verse des poids égaux de mercure (densité 13,6), d'eau (densité 1), d'huile (densité 0,915); la hauteur totale de la colonne formée par les trois liquides superposés est de 0 m. 915. — On demande de calculer :

1° La hauteur (à $\frac{1}{2}$ millimètre près) à laquelle s'élève chacun des trois liquides;

2° Le volume occupé par chacun d'eux;
3° Leur poids commun.

(Loire-Inférieure. — 1893. — *Aspirantes.*)

306. Une institutrice est entrée en fonctions le 1er octobre 1888. Conformément à la loi sur les pensions civiles, elle a subi la retenue complète du premier mois de son traitement et une retenue de $\frac{1}{20}$ sur le traitement de chaque mois qui a suivi. Au 1er janvier 1893, son traitement annuel a été augmenté de 200 fr., mais on lui retient le premier douzième de cette augmentation, qui, pendant les mois suivants, est également soumise à la retenue du $\frac{1}{20}$.

Cette institutrice a démissionné le 15 juin 1893; elle a été payée jusqu'à cette date inclusivement. Sachant qu'elle a reçu pour toute la durée de son service une somme nette de 4465 fr., on demande quel était son traitement primitif. Chaque mois compte pour 30 jours.

(Belfort. — 1893. — *Aspirantes.*)

———◆◆◆———

307. Les frais pour extraire le cuivre d'un quintal de minerai s'élèvent à 5 fr. 75. On achète du minerai contenant 12 p. 0/0 de cuivre à raison de 18 fr. le quintal. Le cuivre perdu dans l'opération égale 2 p. 0/0 de celui que contient le minerai. — A quel prix reviendra le quintal de cuivre? — Calculer ce que l'on doit payer le quintal de minerai pour que le quintal de cuivre revienne à 200 fr.

(Côte-d'Or. — 1893. — *Aspirantes.*)

308. Un réservoir, qui a la forme d'un prisme droit ayant pour base un rectangle dont la largeur est les $\frac{5}{8}$ de la longueur, est rempli à la hauteur de 4 m. 50 par du blé pesant 75 kilog. à l'hectolitre. Ce blé a été vendu au prix de 28 fr. le quintal métrique, en trois lots inversement proportionnels aux nombres 3, 5 et 8. Le prix du premier lot, payé après 3 ans 5 mois avec l'intérêt simple à 4 p. 0/0, a fourni une somme de 12 565 fr. 60. — On demande quelles sont, à moins de 1 centimètre près, les dimensions de la base du réservoir.

(Tarn-et-Garonne. — 1893. — Aspirantes.)

309. En fournissant à un pensionnat de la viande (bœuf, veau ou mouton) au prix uniforme de 1 fr. 23 le kilog., un boucher réalise un bénéfice total de 10 p. 0/0 sur le prix d'achat de la viande qu'il a cédée à ce pensionnat. Lui-même achète ces diverses viandes à des prix différents, qui, pour le bœuf, le veau et le mouton, sont entre eux comme les nombres 5, 7 et 8. On sait que chaque semaine dans ce pensionnat on sert du bœuf à 5 repas, du veau à 4 repas, du mouton à 3 repas. Le même poids de viande étant servi à chaque repas, combien le boucher achète-t-il le kilog. de bœuf, le kilog. de veau et le kilog. de mouton?

(Savoie et Haute-Savoie. — 1891. — Aspirantes.)

310. L'air est un mélange de deux gaz, l'oxygène et l'azote. On sait que 1 000 litres d'air renferment 209 litres d'oxygène et 791 litres d'azote. On sait d'autre part que dans 1 000 gr. d'air, il y a 231 gr. d'oxygène et 769 gr. d'azote. Le litre d'air pesant 1 gr. 293, on demande de calculer à 0,001 près le poids spécifique de l'oxygène et le poids spécifique de l'azote.

(Isère. — 1891. — Aspirantes.)

311. Deux stations, distantes de 6 kilomètres, sont reliées par une double ligne de tramways ; à chaque station, les départs ont lieu de 3 en 3 minutes ; les tramways marchent uniformément, avec la même vitesse, sur chaque ligne.

Un piéton parcourt uniformément la route sur laquelle sont établies les deux lignes de tramways ; au moment où il passe à la première station, il voit un tramway la quitter et un autre y arriver ; de même, au moment où il atteint la deuxième station, un tramway en part, un autre y arrive. En comptant les tramways avec lesquels il s'est trouvé à l'une et à l'autre des stations, le piéton a rencontré 19 tramways allant dans le même sens que lui et 43 tramways allant dans le sens contraire.

On demande, d'après cela, la vitesse du piéton et celle des tramways.

Vérifier le résultat obtenu.

(Tarn-et-Garonne. — 1893. — Aspirants.)

312. Deux mines, A et B, reliées par une voie ferrée de 800 kilom., fournissent, sur place, du charbon de même qualité à des prix différents. La mine A donne le charbon à 13 fr. la tonne, la mine B demande 17 fr. de la tonne. Le transport par tonne et par kilom. coûte 0 fr. 01 quand le charbon vient de A ou de B :

1° Démontrer qu'il y a un point et un seul sur la ligne où il n'y a pas avantage à faire venir le charbon de l'une des mines plutôt que de l'autre et faire voir que ce point est celui où le charbon coûte le plus cher;

2° Calculer ce prix et déterminer la position du point correspondant par sa distance à l'une des mines;

3° Déterminer les deux points de la voie où le charbon revient à 18 fr. la tonne et le point unique où il revient à 15 fr. la tonne;

4° Quand il y a deux points pour un même prix, comment sont-ils placés par rapport au point où le charbon coûte le plus cher, et quelle est la condition que doit remplir le prix pour que ces deux points existent?

(Hautes-Pyrénées. — 1891. — Aspirantes.)

313. Une usine située entre deux mines, d'où elle tire du charbon, se trouve à 27 kilom. de l'une et à 54 kilom. de l'autre. Le charbon de la première mine coûte sur place 41 fr. la tonne; celui de la deuxième mine coûte, pris aussi sur place, 3 fr. 80 le quintal métrique; les frais de transport sont de 0 fr. 18 par tonne et par kilom. — Trouvez à quelle distance des deux mines devrait s'établir l'usine pour que le prix de revient du charbon, en tenant compte des frais de transport, soit le même, qu'on le fasse venir de l'une des mines ou de l'autre.

(Indre-et-Loire. — 1891. — Aspirantes.)

314. Trois villes, A, B, C, sont situées sur la même route. Un courrier, avec une vitesse de 8 kilom. à l'heure, parcourt la distance de A à B. Aussitôt après son arrivée à B, un piéton part de B et parcourt la distance de B à C, à raison de 4 kilom. à l'heure. — Trouver la durée de chacun de ces deux parcours, en sachant que leur durée totale a été de 18 heures, la distance de A à C étant de 100 kilom.

(Orne. — 1891. — Aspirantes.)

315. Deux bicyclistes parcourent la route de Foix à Toulouse dans les conditions suivantes : le premier bicycle a fait 975 tours de la roue de devant lorsque le second part de Foix ; il fait 47 tours de roue pendant que le second en fait 36. Mais 48 tours de roue du second bicycle en valent 67 du premier. Combien de tours de roue le second bicycle aura-t-il faits avant d'atteindre le premier ? (Il s'agit toujours de la roue de devant.)

En supposant que la roue du second bicycle ait 1 m. 20 de diamètre, à quelle distance de Foix se fera la rencontre ?

Enfin, envisageant la question sous une forme indéfinie, on suppose que le premier passe à Foix avec une vitesse v, h heures avant le second, qui a une vitesse v'. On demande : 1° au bout de combien de temps ils se rencontreront ; 2° à quelle distance de Foix. — Examiner les différents cas qui peuvent se présenter.

(Ariége. — 1891. — Aspirants.)

316. Un marchand a acheté deux pièces d'étoffe de même qualité, dont les prix sont entre eux comme 12 est à 19. La première a 15 m. de moins que la seconde, et sa largeur n'est que les $\frac{3}{4}$ de la largeur de la seconde. Il les a revendues ensemble 2 366 fr. 80 et a ainsi fait un bénéfice de 20 p. 0/0 sur le prix d'achat. — On demande la longueur de chaque pièce.

(Isère. — 1891. — Aspirantes.)

317. Une personne a acheté deux pièces d'étoffe qu'elle a payées 991 fr. 80, après une réduction de 5 0/0 d'escompte. La 1re pièce a 60 m. de plus que la 2e ; les longueurs sont dans le rapport de 12 à 7 ; les largeurs, dans le rapport de 3 à 4, et les qualités, à largeur égale, dans le rapport de 5 à 6.

On demande : 1° le prix total sans escompte, et 2° pour chaque pièce, la longueur, le prix total et le prix du mètre.

(Gironde. — 1893. — Aspirantes.)

318. Une pièce d'étoffe a une surface de 4 mq. 3725 ; la largeur est les $\frac{3}{5}$ de la longueur. On en enlève sur le pourtour une bande de 0 m. 15 de large ; on demande quel est le rapport de l'ancienne surface à la nouvelle.

(Oran. — 1893. — Aspirantes.)

319. Un marchand a acheté 3 barriques de vin de qualités différentes, pour les mélanger. Les contenances des fûts sont entre elles comme les nombres 3, 4, 5, et les prix de l'hecto-litre comme les nombres 6, 7, 8.

La vente du mélange a produit 227 fr. 90, comprenant un bénéfice de 6 p. 0/0 sur le prix d'achat. Sachant que l'on a gagné de la sorte 2 fr. 15 par hectolitre, on demande le nombre de litres et le prix du litre de chaque qualité.

(Hérault. — 1893. — Aspirantes.)

320. Une personne fait d'une certaine somme trois parts proportionnelles aux nombres 2, 3, 5. Elle consacre ces parts pendant deux ans à des affaires commerciales diverses, et au bout de ce temps les sommes correspondantes accrues par les bénéfices sont devenues proportionnelles aux nombres 5, 7, 11.

On demande : 1° le taux de l'intérêt simple annuel rapporté par chacune des sommes, sachant que la première a rapporté 4 p. 0/0 par an de plus que la seconde ; 2° à quel taux il eût fallu placer la somme totale à intérêts simples pour qu'au bout de deux ans elle eût produit le même bénéfice que ces trois affaires commerciales ensemble.

(Vienne. — 1891. — Aspirantes.)

321. Deux couturières se sont engagées à ourler le même nombre de mouchoirs : la première, qui n'ourle que 5 mou-choirs en 3 heures, en a déjà ourlé 55 quand la seconde, qui en ourle 7 en 2 heures, se met à l'ouvrage. A partir de ce mo-ment, les deux couturières travaillent ensemble et elles s'ar-rêtent lorsqu'elles ont ourlé le même nombre de mouchoirs.

On demande de calculer : 1° le temps employé par l'une et par l'autre couturière pour faire ce travail ; 2° le nombre des mouchoirs ourlés ; 3° le prix qu'une couturière a reçu, sachant qu'elle a été payée en pièces d'argent pesant autant qu'un dé-cilitre d'eau pure.

(Ariège. — 1893. — Aspirantes.)

322. Quatre compagnies d'ouvriers sont telles, que la pre-mière ferait un ouvrage en 15 jours, la seconde en 9 jours, la troisième en 27 jours, et la quatrième en 36 jours. On em-ploie, pour faire cet ouvrage, les $\frac{2}{3}$ de la première compagnie, les $\frac{3}{4}$ de la seconde, la moitié de la troisième et le $\frac{1}{3}$ de la quatrième. — On demande combien de temps il leur faudra pour faire l'ouvrage.

(Ariége. — 1893. — Aspirantes.)

323. Trois personnes sont associées pour une entreprise. La première a versé 16 832 fr., et la deuxième 10 625 fr. La deuxième a apporté outre sa mise un brevet qui lui donne droit, d'après l'acte de société, au prélèvement de 8,5 p. 0/0 sur les bénéfices avant leur partage. Au moment de la liquidation, le premier associé reçoit 1854 fr. 25 et le deuxième 2524 fr. 25. On demande : 1° le montant de la somme engagée par le troisième associé ; 2° le montant des sommes qui reviennent au deuxième associé pour sa mise et son brevet ; 3° le bénéfice total de la société.

(Aisne. — 1891. — Aspirantes.)

324. Deux commerçants s'associent, et leurs mises sont dans le rapport de 3 pour le premier à 2 pour le second. Un an après, l'avoir social s'est augmenté de $\frac{1}{15}$ de sa valeur première. Un troisième commerçant entre alors dans la société, et sa mise est la moitié de l'avoir social des deux premiers associés à ce moment. Deux ans après, ce nouvel avoir social des trois associés, s'étant augmenté de $\frac{1}{4}$ de sa valeur, se trouve être de 12 000 fr. On demande quelles étaient les mises des trois associés, et quel a été le bénéfice de chacun d'eux.

(Ardennes. — 1891. — Aspirantes.)

325. Un particulier commence avec 12 000 fr. une affaire commerciale ; sept mois plus tard, il y intéresse un capitaliste qui lui confie 20 000 fr. ; puis deux mois plus tard, un second capitaliste qui lui confie 9000 fr. Au bout de 3 ans, l'entreprise a rapporté 8000 fr.

On demande, sous forme de fraction irréductible, la part de chaque associé, sachant que le particulier qui conduit l'affaire prélève une prime de 4 p. 0/0 sur le bénéfice.

(Niévre. — 1894. — Aspirantes.)

326. Une personne devait à 4 créanciers, A, B, C, D, les sommes suivantes :

$$\text{à A elle devait } 2454 \text{ fr. } 25,$$
$$\text{à B } \quad — \quad 5860 \text{ fr. } 75,$$
$$\text{à C } \quad -- \quad 3000 \text{ fr. } 25,$$

enfin à D, elle devait autant qu'aux 3 premiers.

Cette personne vient à mourir, et sa succession ne s'élève qu'à 18 104 fr. 40.

Combien chacun des créanciers doit-il recevoir ?

(Haute-Loire. — 1891. — Aspirantes.)

327. Une somme d'argent placée à intérêt simple a rapporté 860 fr.

Elle a été divisée en trois parts :

La 1re a été placée à 4 p. 0/0 pendant 7 mois ;
La 2e — à 4,5 p. 0/0 pendant 4 mois ;
La 3e — à 5 p. 0/0 pendant 16 mois.

On propose de trouver ces trois parts, sachant que le rapport de la première part à la deuxième est $\dfrac{5}{3}$, et que celui de la deuxième à la troisième est $\dfrac{8}{5}$.

(Seine. — 1893. — Aspirantes.)

328. Une personne possède un capital dont elle fait 3 parts : elle place la 1re part à 5 p. 0/0 ; la 2e à 4 p. 0/0 ; la 3e à 3,25 p. 0/0, et elle obtient ainsi un revenu de 562 fr. par an. — On demande de calculer la valeur de chacune des sommes placées, sachant que la 2e est égale aux $\dfrac{3}{8}$ de la 1re, et que la 3e est égale aux $\dfrac{8}{15}$ de la seconde.

(Yonne. — 1893. — Aspirantes.)

329. Deux personnes doivent se partager la somme de 24 800 fr. de manière que la part de la première, ajoutée aux intérêts qu'elle produirait en 9 mois au taux de 5 p. 0/0, soit égale à la moitié de la part de la deuxième, ajoutée aux intérêts qu'elle produirait en 1 an à $3\dfrac{1}{4}$ p. 0/0. — Quelle est la part de chaque personne ?

La première emploie sa part à l'achat d'un terrain rectangulaire à raison de 5900 fr. l'hectare. — On demande les dimensions de ce terrain, sachant que la largeur est égale aux $\frac{5}{7}$ de la longueur.

(Ardèche. — 1893. — Aspirants.)

330. Expliquer cette question : Partager un nombre en parties inversement proportionnelles à des nombres donnés. — Indiquer comment on la résout.

Rattacher à la question précédente le problème suivant :

Deux courriers pouvant parcourir une route, l'un en 8 h. $\frac{1}{2}$, l'autre en 10 h. $\frac{1}{4}$, se dirigent l'un vers l'autre, en partant au même instant des deux extrémités de la route. On demande quelle est la fraction de la route parcourue par chacun au moment où ils se rencontrent.

(Corrèze. — 1891. — Aspirants.)

331. Un délégué cantonal met à la disposition d'une institutrice une somme de 64 fr. 50, pour être distribuée en livrets de caisse d'épargne aux cinq élèves du cours supérieur de l'école, suivant leur force en orthographe.

Les copies de la composition donnée à cet effet accusent respectivement 1 faute $\frac{1}{2}$, 2 fautes, 2 fautes $\frac{1}{2}$, 3 fautes et 4 fautes. — Faire un partage équitable d'après ces données.

(Indre. — 1891. — Aspirantes.)

332. On a une somme de 9700 fr. formée de pièces de 10 fr. en or et de 5 fr. en argent. Le nombre des pièces de 10 fr. est à celui des pièces de 5 fr. comme 31 est à 35. On fond ensemble toutes les pièces, on ajoute 300 gr. de cuivre. Combien, sur 1000 parties d'alliage, y a-t-il d'or, d'argent, de cuivre?

(Cantal. — 1891. — Aspirantes.)

333. Une personne qui possède une somme de 51 480 fr. la partage inégalement entre ses deux neveux. Le premier consacre les $\frac{5}{8}$ de son argent à l'achat d'une propriété. Le second place les $\frac{3}{7}$ de son avoir en rentes sur l'État. La somme qui leur reste alors entre les mains est inversement proportionnelle à leur âge. — Quelle a été la part de chacun, sachant que le premier a 24 ans et le second 20 ans?

(Aube. — 1893. — Aspirantes.)

334. Quatre personnes se partagent un héritage de la manière suivante : la 1re prend les $\frac{3}{11}$ de la succession plus 4000 f.; la part de la 2e est égale aux $\frac{4}{5}$ de celle de la 1re moins 1500 fr. La 3e consacre les $\frac{2}{3}$ de son avoir à l'achat de rente $4\frac{1}{2}$ p. 0/0 au cours de 112 fr., et la 4e les $\frac{5}{8}$ de ce qui lui revient à l'achat de rente 3 p. 0/0 au cours de 85 fr., et il se trouve que les deux dernières sommes produisent exactement le même revenu. (Ne pas tenir compte des frais de courtage.)

Quelle a été la part d'héritage recueillie par chacune de ces quatre personnes, sachant que la fortune totale s'élevait à 260 000 fr.?

(Drôme. — 1893. — Aspirantes.)

335. Un oncle laisse à ses trois nièces sa fortune, qu'elles doivent se partager en parties inversement proportionnelles à leurs âges. L'aînée a 20 ans, la seconde 15 ans et la plus jeune 12 ans. — Trouver la part de chaque nièce, sachant que l'héritage comprend : une maison valant les $\frac{2}{3}$ de la fortune de l'oncle, d'autres propriétés estimées les $\frac{2}{3}$ du reste, et comme reste définitif un titre de 2500 fr. de rente $4\frac{1}{2}$ p. 0/0 réalisé au cours de 106 fr. 40.

(Doubs. — 1893. — Aspirantes.)

336. Une personne lègue une somme de 50 000 fr. nets à partager entre 3 personnes, âgées respectivement de 25 ans, 23 ans et 19 ans, en parties proportionnelles aux inverses de leurs âges respectifs : l'héritage doit être partagé intégralement sans fraction de franc. — Quelle sera la part de chaque personne?

(Allier. — 1891. — *Aspirantes.*)

337. Un oncle donne une somme de 25 000 fr. à ses trois neveux âgés de 15 ans, 16 ans et 18 ans. Les trois parts doivent être placées à intérêts composés à 4 p. 0/0 par an, et chacune d'elles ne doit être touchée par l'héritier que lorsqu'il aura atteint l'âge de 21 ans. Faire aujourd'hui les trois parts, de telle sorte qu'elles acquièrent successivement la même valeur à la majorité de chacun des trois neveux.

(Gironde. — 1893. — *Aspirants.*)

338. Un héritage, qui s'élève à 105 000 fr., doit être partagé en parties égales entre un certain nombre d'héritiers. Trois d'entre eux renoncent à leurs droits, et, par ce fait, la part de chacun des autres est augmentée de 22 500 fr. — Combien y avait-il d'héritiers?

Interpréter la solution négative.

(Nord. — 1891. — *Aspirants.*)

3° INTÉRÊT. — ESCOMPTE. — RENTE.

339. Une personne possède une certaine somme, qu'elle place partie à 3 p. 0/0, partie à 4 p. 0/0, et partie à 5 p. 0/0. Elle a ainsi un revenu annuel de 1450 fr. Si la somme entière était placée à 4 p. 0/0, son revenu serait augmenté de 150 fr. On demande de calculer quel est le capital que possède cette personne ainsi que les sommes placées à 3 p. 0/0, 4 p. 0/0 et 5 p. 0/0, sachant que la somme placée à 5 p. 0/0 est seulement le $\frac{1}{3}$ de celle qui est placée à 4 p. 0/0.

(Pas-de-Calais. — 1893. — *Aspirantes.*)

340. Le rapport de 2 capitaux est égal à $\frac{7}{8}$. Si on augmente chacun de 1000 fr., leur rapport devient égal à $\frac{68}{77}$. On demande :

1° Le montant de ces 2 capitaux ;

2° Le taux auquel est placé le second capital, sachant que le taux du premier est de 4 fr. 50 et que le rapport de leurs intérêts annuels est de $\frac{63}{52}$.

(Lot-et-Garonne. — 1893. — Aspirantes.)

341. Deux capitaux sont placés, l'un à 4 p. 0/0 pendant 5 mois, l'autre à 3 p. 0/0 pendant 7 mois. Trouver ces deux capitaux, sachant : 1° que les intérêts produits sont égaux ; 2° que les deux capitaux ajoutés à leurs intérêts forment une somme totale de 20 850 fr.

(Creuse. — 1893. — Aspirantes.)

342. Un capital de 67 000 fr. est partagé en deux parties, dont la première, placée à 4,50 p. 0/0 pendant 9 mois, donne un intérêt triple de celui que produirait la seconde pendant 5 mois à 4 p. 0/0.

Quelles sont les deux parties du capital ?

(Gard. — 1893. — Aspirantes.)

343. Deux sommes diffèrent de 2030 fr. On place la plus grande à 4 p. 0/0 pendant 20 mois ; l'autre produit le même intérêt simple si elle est placée à 4,5 p. 0/0 et reste 4 mois de plus.

Quelles sont ces deux sommes ?

Raisonnement arithmétique.

(Somme. — 1893. — Aspirantes.)

344. Une personne, qui avait placé les $\frac{4}{5}$ de son capital à 4,5 p. 0/0 et l'autre cinquième à 3 p. 0/0, le retire. Elle dépense 2000 fr. et place ce qui lui reste à 4 p. 0/0. Elle se trouve ainsi avoir un revenu inférieur de 180 fr. à celui qu'elle avait tout d'abord. On demande quel était le capital primitif de cette personne.

(Pas-de-Calais. — 1893. — Aspirantes.)

7.

345. Une personne, qui avait placé les $\frac{5}{6}$ de son capital à 3 p. 0/0 et l'autre $\frac{1}{6}$ à 5 p. 0/0, le retire. Après avoir prélevé 3400 fr. pour le payement de quelques dettes, elle replace ce qui lui reste à 4 p. 0/0. Elle se trouve ainsi avoir augmenté son revenu de 224 fr.

On demande quel était son capital primitif.

(Aisne. — 1891. — *Aspirantes*.)

346. Une personne a divisé un capital de 12 000 fr. en deux parties; puis elle a placé la première à 6 p. 0/0 et la seconde à 4 p. 0/0. Elle a obtenu le même revenu que si elle eût placé la somme entière de 12 000 fr. à 5,50 p. 0/0.

1° Trouver combien elle avait placé à 6 p. 0/0 et à 4 p. 0/0;

2° Avec le revenu de son capital, cette personne a acheté un terrain de forme rectangulaire à raison de 0 fr. 25 le mètre carré; trouver les dimensions de ce terrain, sachant que la largeur est les $\frac{32}{33}$ de la longueur.

(Cantal. — 1893. — *Aspirantes*.)

347. Deux rentiers placent : l'un son capital à $4\frac{1}{2}$ p. 0/0; l'autre, le sien à $5\frac{1}{2}$ p. 0/0. La somme de leurs revenus est 3035 fr. Si le premier place son capital à $5\frac{1}{2}$ p. 0/0, et le deuxième le sien à 4 p. 0/0 la somme de leurs revenus est 3018 fr. — Quels sont les capitaux des deux rentiers?

(Puy-de-Dôme. — 1891. — *Aspirantes*.)

348. Une personne qui dispose d'un capital de 80 000 fr. en consacre une partie à l'achat d'une propriété qui rapporte un revenu de 3 p. 0/0. Le reste est divisé en deux parts, dont l'une est placée à $4\frac{1}{2}$ p. 0/0, et l'autre, qui est de 12 000 fr., à $3\frac{3}{4}$ p. 0/0.

Dans ces conditions, le capital primitif rapporte un intérêt moyen de 4 p. 0/0. — On demande le prix d'achat de la propriété et le montant de la somme placée à $4\frac{1}{2}$ p. 0/0.

(Drôme. — 1894. — Aspirantes.)

349. Une personne laisse en mourant une fortune de 42 400 fr. à deux neveux, dont l'un a 12 ans et l'autre 15 ans. Les parts sont telles, que, si chaque héritier plaçait la sienne à 5 p. 0/0 par an et à intérêts simples jusqu'à ce qu'il ait 20 ans, les deux parts réunies à leurs intérêts respectifs deviendraient égales. Quelles sont ces deux parts?

(Vosges. — 1891. — Aspirantes.)

350. On veut faire, avec 47 000 fr., trois placements, l'un à 3 p. 0/0, le second à 4 p. 0/0, le troisième à 5 p. 0/0, de manière que chacun produise le même revenu. — Quels sont ces trois placements?

(Ardennes. — 1894. — Aspirantes.)

351. Un particulier qui a mis des fonds dans une entreprise reçoit 19 200 fr. au bout de 5 ans : cette somme renferme le capital placé et le bénéfice que ce dernier a rapporté. On sait d'ailleurs que le bénéfice est les $\frac{2}{5}$ du capital. — Calculer : 1° le capital et le bénéfice ; 2° le taux du placement.

(Creuse. — 1891. — Aspirantes.)

352. Avec les $\frac{3}{8}$ de sa fortune, une personne achète une propriété qui vaut 4500 fr. l'hectare ; avec les $\frac{2}{5}$ du reste, elle achète une maison. Le capital qui reste encore, dont les $\frac{2}{3}$ sont placés à 4 p. 0/0 et le reste à 6 p. 0/0, rapporte annuellement 2472 fr. — On demande la fortune de cette personne, l'étendue de la propriété, la valeur de la maison et les deux parties du capital placées séparément.

(Corrèze. — 1893. — Aspirantes.)

353. Deux personnes possèdent des fortunes différentes qui, placées à 5 p. 0/0, donneraient un revenu total de 17 500 fr. La première, qui est la moins riche, place sa fortune dans le commerce et en retire 9,5 p. 0/0, tandis que la seconde achète des valeurs qui ne lui rapportent que 4,5 p. 0/0; il se trouve alors que le revenu de la seconde surpasse de 1750 fr. le revenu de la première. — On demande la fortune et le revenu de chacune des personnes.

(Ardèche. — 1893. — Aspirantes.)

354. Deux effets de commerce, l'un de 600 fr., l'autre de 975 fr., sont payables : le premier au bout de 60 jours, le second au bout de 45 jours. — On demande à les remplacer par un billet unique payable au bout de 30 jours. Quel sera le montant de ce troisième billet?

(Oran. — 1894. — Aspirants.)

355. On a trois billets :

Le premier de 3000 fr. portant intérêt à 5 p. 0/0 à échéance du 25 juillet;

Le second de 5000 fr. portant intérêt à 5 p. 0/0 à échéance du 14 septembre;

Le troisième de 2000 fr. portant intérêt à $4\frac{1}{2}$ p. 0/0 à échéance du 19 septembre.

On les remplace le 2 juillet par un billet unique de 10 000 fr. arrivant à échéance le 25 août. — Quel doit être, à 0 fr. 01 près, le taux de l'intérêt de ce billet pour qu'il y ait équivalence?

(Allier. — 1894. — Aspirantes.)

356. Une personne doit à une autre :

1º 1420 fr. payables dans	96	jours.
2º 855 fr. —	168	—
3º 1215 fr. —	216	—

Elle convient de remplacer ces trois sommes par un payement unique de 3579 fr. 25 effectué au bout d'un an. — A quel taux a-t-on calculé les intérêts?

(Aveyron. — 1893. — Aspirantes.)

357. Un teneur de livres reçoit le même jour 3 billets d'un client : le 1er de 275 fr. payable le 30 juin, le 2e de 548 fr. 50 payable le 15 octobre, le 3e de 1250 fr. payable le 30 novembre de la même année. Pour simplifier les écritures, il porte à l'avoir de son client une somme unique égale à la somme des valeurs nominales des 3 billets. — On demande : 1o à quelle date il doit fixer l'échéance commune; 2o au 31 décembre, quelle somme il portera à l'avoir de son client, l'intérêt étant de 6 p. 0/0.

(Côte-d'Or. — 1893. — Aspirantes.)

358. Un commerçant vend à la fois des livres et de la musique. Il vend les livres le prix marqué, mais il les achète dans les conditions suivantes : l'éditeur lui accorde une remise de 25 p. 0/0 sur ce prix marqué, et le 13e en sus. Il achète la musique avec une remise de 75 p. 0/0 sur le prix marqué. — Quelle remise doit-il faire lui-même sur ce prix marqué aux clients auxquels il vend la musique, s'il veut faire rapporter à son argent le même intérêt dans son commerce de musique et son commerce de librairie?

(Savoie et Haute-Savoie. — 1891. — Aspirantes.)

359. Un marchand a acheté 655 m. d'étoffe au prix de 8 fr. 50 le mètre. Il a déjà vendu les $\frac{5}{8}$ de l'étoffe à 10 fr. 80 le mètre. Comme il s'est proposé de réaliser sur la vente un bénéfice de 1050 fr., on demande à quel prix il doit vendre le restant de sa marchandise.

Le produit de la vente étant réalisé au bout de 8 mois, on demande à quel taux le marchand a placé son argent.

(Creuse. — 1891. — Aspirantes.)

360. Un négociant a acheté pour la somme de 7242 fr. 82 barriques de vin dont le poids brut est de 21 879 kilog. Le poids des barriques vides est la douzième partie du poids du vin. La densité de ce vin est 0,99.

Le négociant vend 147 hectolitres de ce vin avec un bénéfice brut de 13 fr. 50 p. 0/0. L'acheteur le paye avec un billet fait le 16 octobre, jour de l'achat, et payable le 30 décembre suivant. On demande le montant de ce billet, en tenant compte de l'intérêt à $4\frac{1}{2}$ p. 0/0.

(Saône-et-Loire. — 1893. — Aspirantes.)

361. Le traitement d'une institutrice est tel que, en dépensant $\frac{1}{3}$ de ce traitement pour sa nourriture, $\frac{1}{5}$ du reste pour ses vêtements et en envoyant les $\frac{2}{5}$ du nouveau reste à ses parents, il lui reste une somme suffisante pour lui assurer au bout de 2 ans $\frac{1}{2}$, à intérêts simples et au taux de $4\frac{1}{2}$ p. 0/0, un intérêt de 78 fr. 30. Quel est ce traitement?

(Haute-Saône. — 1893. — Aspirantes.)

362. Un premier négociant fait, chaque année, pour 1 200 000 fr. d'affaires, gagne 9 p. 0/0 sur ce chiffre et consacre 3,50 p. 0/0 de ce bénéfice à ses dépenses d'entretien.

Un autre négociant, faisant pour 1 500 000 fr. d'affaires, gagne 11 p. 0/0 sur cette somme et dépense 3 p. 0/0 de son bénéfice annuel.

La fortune du premier négociant étant actuellement de 433 270 fr. et celle du second de 100 000 fr., on demande au bout de combien de temps les deux négociants seront devenus, à l'aide de leurs économies, aussi riches l'un que l'autre.

(Somme. — 1894. — Aspirantes.)

363. Deux commerçants font, l'un pour 520 470 fr. d'affaires, l'autre pour 897 745 fr.; le premier fait un bénéfice moyen de 17 p. 0/0 et prélève sur ce bénéfice 74 p. 0/0 pour ses dépenses personnelles.

Calculez à combien p. 100 s'élève le bénéfice du second, sachant qu'il prélève 82 p. 0/0 pour ses dépenses personnelles, et que ses économies valent les $\frac{12}{13}$ de celles du premier commerçant.

(Haute-Vienne. — 1891. — Aspirantes.)

364. Deux commerçants font l'un pour 340 480 fr., l'autre pour 692 100 fr. d'affaires par an.

Le premier gagne 13 p. 0/0 sur le montant de ses affaires et prélève $16\frac{1}{2}$ p. 0/0 de son bénéfice pour ses dépenses personnelles; le deuxième gagne 9 p. 0/0 et prélève pour sa dépense 26 p. 0/0 de son bénéfice. Les deux commerçants mettant de côté ce qu'ils ne dépensent pas, on demande :

1° Au bout de combien de temps les économies du deuxième surpasseront celles du premier de 63 689 fr. 53; 2° les autres conditions restant les mêmes, combien le deuxième devrait gagner p. 100 pour que ses économies fussent égales à celles du premier.

(Aisne. — 1893. — Aspirantes.)

———————————

365. 1° Donner la définition précise des termes usités dans les questions d'escompte : billet à ordre, échéance du billet, escompte du billet, taux de l'escompte, valeur nominale du billet, valeur actuelle, escompte commercial ou en dehors, escompte rationnel ou en dedans.

2° Démontrer que la différence entre l'escompte en dehors et l'escompte en dedans pour un même billet est égale à l'intérêt, au même taux, de l'escompte en dedans pendant le même temps.

3° La somme de l'escompte en dedans et de l'escompte en dehors d'un billet à ordre payable dans 6 mois est de 24 fr. 0326 et la différence des mêmes escomptes est de 0 fr. 2674. — On demande de trouver : 1° chacun des deux escomptes; 2° le taux de l'escompte; 3° la valeur nominale du billet à ordre.

(Deux-Sèvres. — 1891. — Aspirantes.)

366. Exposer la différence qu'il y a entre l'escompte en dehors et l'escompte en dedans.

Application : Une personne qui a besoin d'argent propose le 4 mai à un banquier de lui escompter un billet de 685 fr. payable le 15 décembre suivant. Le banquier prend l'escompte à raison de 6 p. 0/0 par an. — Quelle somme remettra-t-il au porteur du billet selon que l'escompte sera pris en dehors ou en dedans?

(Hautes-Alpes. — 1891. — Aspirantes.)

367. Une personne qui doit une somme de 2 400 fr. payable dans 8 mois, se libère en payant 756 fr. comptant et en souscrivant deux billets, l'un de 1 232 fr. payable dans 3 mois et l'autre payable dans un an. — Calculer la valeur nominale de ce dernier billet; le taux de l'escompte est de 5 p. 0/0.

(Basses-Pyrénées. — 1891. — Aspirantes.)

368. Un banquier escompte le même jour, au même taux, deux billets dont la valeur nominale diffère de 185 fr. L'un de ces billets est payable dans 75 jours et l'autre dans 60 jours.

Les escomptes (en dehors) des deux billets étant égaux, calculer le montant de chacun d'eux et montrer que le résultat ne dépend pas de la valeur du taux.

Quelle serait la différence des escomptes des mêmes billets si on les calculait par la méthode rationnelle, au taux de 5 p. 0/0 par an?

(Nord. — 1893. — Aspirantes.)

369. Un commerçant souscrit le même jour trois billets :
Le premier, de 586 fr., payable dans 8 mois;
Le second, de 600 fr., payable dans un an;
Le troisième, de 432 fr., payable dans 10 mois.
Trois mois après, il désire remplacer ces trois billets par un seul dont le montant soit de 1 660 fr. $\frac{83}{94}$, à l'échéance d'un an.

Quel est le taux de l'escompte calculé d'après la méthode des banquiers?

(Départements de l'Académie de Paris, excepté la Seine. —1891.
— Aspirantes.)

370. Remplacer les trois billets à ordre suivants :
1° Un billet de 700 fr. payable le 12 octobre,
2° Un billet de 1 350 fr. payable le 6 novembre,
3° Un billet de 950 fr. payable le 14 décembre,
par un billet unique d'une valeur nominale de 3 000 fr., somme des valeurs nominales des trois billets donnés.

On calculera l'échéance moyenne, c'est-à-dire celle du billet unique, en tenant compte de l'escompte commercial ou en dehors sur tous les billets et au même taux. On montrera que l'échéance moyenne est indépendante du taux d'escompte et que la valeur du billet unique est la somme des valeurs des trois billets donnés, non seulement le jour de l'échéance moyenne, mais à toute autre époque.

(Gironde. — 1893. — *Aspirantes.*)

371. Une personne possède trois billets : le 1er, de 3393 fr., est payable dans 60 jours ; le 2e, de 8597 fr., est payable dans 90 jours ; le 3e est payable dans 30 jours, et sa valeur nominale est telle, que, si on l'escomptait aujourd'hui à 6 p. 0/0, la différence entre son escompte en dehors et son escompte en dedans serait de 0 fr. 032.

1° Trouver la valeur nominale de ce 3e billet ;

2° Si on remplace ces trois billets par un billet unique payable dans 75 jours, trouver la valeur nominale de ce billet unique, en opérant par l'escompte en dehors, le taux de l'escompte étant 6 p. 0/0.

(Corrèze. — 1894. — *Aspirantes.*)

372. On a fait escompter le même jour deux billets, dont l'un était payable au bout de 30 jours et l'autre au bout de 45 jours ; l'escompte a été pris en dehors à 6 p. 0/0, et il a été prélevé en outre une commission de $\frac{1}{2}$ p. 0/0.

Quelles étaient les sommes énoncées dans les deux billets, sachant qu'elles valent ensemble 7 200 fr. et qu'on a touché 7 114 fr. 50 ?

(Vendée. — 1894. — *Aspirantes.*)

373. Le 7 novembre 1893 deux personnes se présentent chez deux banquiers différents pour escompter deux billets de la même somme et ayant la même échéance. L'un des banquiers prend pour escompte une somme de 81 fr. 80 ; l'autre banquier prend pour escompte une somme de 82 fr. 80. Mais le premier banquier a pris l'escompte rationnel, tandis que le second prend l'escompte commercial.

Le taux étant de 6 p. 0/0, calculer : 1° la date commune de l'échéance ; 2° la valeur commune des deux billets.

(Ariège. — 1893. — *Aspirants.*)

374. Un commerçant a acheté des marchandises pour 1 780 fr. ; il paye au comptant et profite d'un escompte de 3 p. 0/0 ; 4 mois après, il vend, à 2 mois de crédit, les mêmes marchandises pour 1 980 fr.; les frais d'emmagasinage et autres qu'il a payés le jour où il a revendu ses marchandises se sont élevés à 20 fr. Combien a-t-il gagné pour 100 sur le prix de revient, en tenant compte de l'intérêt de son argent à 5 p. 0/0?

(Aube. — 1891. — Aspirantes.)

375. Un propriétaire vend un terrain ayant la forme d'un quadrilatère dont les diagonales faisant entre elles un angle de 60° ont, l'une 112 mètres, et l'autre 128 mètres de longueur.

1° Quelle est la surface du terrain vendu?

2° Quel serait le montant du billet souscrit par l'acheteur, pour s'acquitter de sa dette, sachant que le vendeur, ayant fait escompter par un banquier ce billet payable dans 10 jours, a payé, pour l'escompte au taux de 6 p. 0/0, pour le droit de commission de $\frac{1}{2}$ p. 0/0 et pour le change de place de $\frac{1}{4}$ p. 0/0, la somme totale de 34 fr. 875?

(Corrèze. — 1893. — Aspirants.)

376. Un industriel a vendu à deux négociants 11 680 kilog.95 de potasse à 100 fr. le quintal métrique. Le deuxième en a pris 5 183 kilog. 45 de plus que l'autre, et les deux négociants font chacun un billet; celui du premier est payable dans 16 mois, celui du deuxième dans 18 mois. — 8 mois après, l'industriel fait escompter les deux billets chez un banquier et il reçoit, pour le second billet, 4 891 fr. 79 de plus que pour le premier.

Quel est le taux de l'escompte?

(Constantine. — 1894. — Aspirantes.)

377. On a acheté un terrain 35 353 fr. 50 à raison de 240 fr. 50 l'are. On a employé pour le mesurer une chaîne dont la longueur était 9 m. 85 au lieu de 10 mètres. Comme la somme qu'on a donnée est inexacte, on demande :

1° L'erreur ;

2° A quelle époque devrait être payé un billet de 35 353 fr. 50 pour que la valeur actuelle de ce billet fût égale à la valeur exacte du terrain, en tenant compte de l'escompte en dedans à 5 p. 0/0.

(Loire. — 1893. — Aspirantes.)

378. Une personne possède un capital dont le $\frac{1}{3}$ est placé à 6 p. 0/0, les $\frac{5}{12}$ à 4 p. 0/0. Avec le reste, elle achète de la rente 3 p. 0/0 au cours de 90 fr. (on ne tient pas compte du courtage ni du timbre). Le revenu total ainsi obtenu est de 1 426 fr. 95. — Calculer le capital.

(Landes. — 1891. — Aspirantes.)

379. Deux personnes ont hérité chacune d'une certaine somme. La première emploie l'argent qu'elle a reçu à acheter de la rente 3 p. 0/0 au cours de 69 fr. 70; elle a ainsi un revenu de 660 fr.; la seconde place son argent à 5 p. 0/0, et elle a de cette manière 78 fr. de plus de revenu que si elle avait acheté de la rente 3 p. 0/0 au même cours. — Quel est l'héritage de chacune?

(Haute-Saône. — 1893. — Aspirantes.)

380. Une personne a un titre de rente de 1 200 fr. en $4\frac{1}{2}$ p. 0/0, et l'échange contre un titre de rente en 3 p. 0/0, représentant le même capital. Cette opération se fait au moment où la rente $4\frac{1}{2}$ p. 0/0 est au cours de 106 fr. 20, et la rente 3 p. 0/0 au cours de 97 fr. 65.

On demande la perte que fera cette personne sur son revenu, en faisant cette conversion.

(Hérault. — 1893. — Aspirantes.)

381. Une personne possède un capital de 30 000 fr. Elle en place une partie à 5 p. 0/0, et avec le reste elle achète de la rente 3 p. 0/0 au cours de 90 fr. Les 30 000 fr. ainsi divisés lui rapportent en tout 1 200 fr. de revenu annuel. — Quelle somme a-t-elle placée à 5 p. 0/0 et quelle somme a-t-elle employée en achat de rente?

(Belfort. — 1893. — Aspirantes.)

382. Une personne dépose à la caisse d'épargne 50 fr. dans la 1re quinzaine et 75 fr. dans la 2e quinzaine de chaque mois. Sachant que la caisse d'épargne sert un intérêt de 3 p. 0/0 à partir du 1er et du 16 de chaque mois après versement, on demande quelle sera la valeur du livret au bout d'un an.

Quelle quantité de rente 3 p. 0/0 pourra-t-on acheter avec
ce capital, si cette rente est au cours de 82 fr. 15?

(Somme. — 1894. — Aspirantes.)

383. Un capitaliste vend un titre de 2 250 fr. de rente $4\frac{1}{2}$
p. 0/0 au cours de 103 fr. 15, pour acheter un titre de même
revenu en rente 3 p. 0,0 ou en obligations de l'Ouest. Le
3 p. 0/0 est à 83 fr. 90, et les obligations de l'Ouest à 390 fr.
rapportent 15 fr. d'intérêt, mais sont soumises à l'impôt de
3 p. 0/0 sur le revenu des valeurs mobilières. — Calculer ce
que coûtera cette opération faite de la manière la plus avan-
tageuse, le courtage étant de $\frac{1}{8}$ p. 0/0.

(Alger. — 1893. — Aspirantes.)

384. Un propriétaire vend un terrain de forme carrée de
1 hectare 96 ares de surface au prix de 25 fr. l'are, ainsi que
des arbres plantés sur tout le périmètre de ce carré et régu-
lièrement espacés de 7 mètres en 7 mètres, au prix moyen de
11 fr. 780125 chacun. La somme provenant de cette double
vente est intégralement employée, frais de timbre (0 fr. 60) et
de courtage compris, à acheter de la rente 3 p. 0/0 au cours
de 98 fr.

Quel sera le montant de la rente achetée?

(Corrèze. — 1894. — Aspirantes.)

——— ❈ ———

4° MÉLANGE. — ALLIAGE.

385. Une personne achète une barrique de vin de 228 litres.
Elle paye 164 fr. 16, déduction faite d'un escompte de 4 p. 0/0
sur le prix d'achat. Quel est ce prix d'achat?

Ce vin a été obtenu par le mélange de trois vins de qualité
différente, dont les prix sont 0 fr. 942, 0 fr. 66 et 0 fr. 50 le
litre.

On demande combien on a pris de vin de la seconde et de
la troisième qualité, sachant qu'il entre dans le mélange
100 litres à 0 fr. 942.

(Finistère. — 1893. — Aspirantes.)

386. On a deux sortes de vin : l'hectolitre du premier peut être cédé au prix de 48 fr. 50 payable dans 90 jours ; l'hectolitre du second est évalué à 63 fr. 25 payable à 150 jours. — Combien faut-il prendre de chacun d'eux pour composer un mélange de 3 hectolitres qui pourrait être cédé au prix de 54 fr. l'hectolitre, payable dans 6 mois ? On tiendra compte de l'escompte commercial à 6 p. 0/0 l'an.

(Haute-Marne. — 1893. — Aspirantes.)

387. Deux lingots d'or, l'un au titre de 0,850, l'autre au titre de 0,920, ont des poids tels, que, si on les fond ensemble, on obtient un lingot au titre de 0,900 et pesant autant que 1085 pièces de 20 fr. — Calculer le poids des deux lingots primitifs.

(Creuse. — 1893. — Aspirantes.)

388. On a deux alliages d'argent et de cuivre, dont les titres sont respectivement : 0,910 et 0,820. Combien faut-il prendre de grammes de chacun d'eux pour que, fondus ensemble avec addition de 822 gr. de cuivre, ils donnent un nouvel alliage au titre de 0,600 et pesant 2622 gr.?

(Départements de l'Académie de Bordeaux. — 1891. — Aspirantes.)

389. Deux alliages d'or et de cuivre à des titres différents, fondus ensemble, permettent de fabriquer pour 35 805 fr. de monnaie d'or.

Calculer le titre de chacun des deux alliages, sachant que le poids de l'un des alliages est les $\frac{2}{5}$ du poids de l'autre, et que la différence des titres est de 0,105.

(Aube. — 1891. — Aspirantes.)

390. Un premier lingot d'or et de cuivre est au titre de 0,960 et un second lingot d'or et de cuivre est au titre de 0,849. On fond le premier lingot tout entier avec 709 gr. 3 pris dans le second lingot, et l'on obtient ainsi un alliage au titre de 0,920. — On demande le poids du premier lingot.

(Constantine. — 1891. — Aspirantes.)

391. Trois lingots ont respectivement pour titre : 0,775, 0,8, 0,64. Le rapport du poids du 2ᵉ à celui du 3ᵉ est $\frac{3}{5}$. Quels sont les poids de ces trois lingots, sachant qu'en les fondant ensemble on obtient un lingot pesant 41 kilog. 64 et ayant pour titre 0,725?

(Alger. — 1894. — Aspirantes.)

392. Un lingot d'argent au titre de 0,827 pèse 240 gr. — Quel poids faudra-t-il lui ajouter d'un autre lingot d'argent au titre de 0,900 pour obtenir un lingot au titre de 0,875?

(Ille-et-Vilaine. — 1893. — Aspirantes.)

393. On a deux lingots d'or : l'un au titre de 0,950 et l'autre au titre de 0,890. On les fond dans un creuset, en y ajoutant 2 kilog. d'or pur. L'unique lingot ainsi obtenu est au titre de 0,906 et pèse 25 kilog. — Trouver le poids des deux lingots.

(Lozère. — 1893. — Aspirantes.)

394. On a deux lingots, l'un d'or pur et l'autre d'argent pur, ayant la même valeur intrinsèque et pesant ensemble 3203 gr. 33. La densité de l'or est de 19, celle de l'argent 10,5. — Trouver le volume et la valeur de chacun des lingots, sachant que la valeur intrinsèque du kilogramme d'or pur est 3437 fr., et celle du kilogramme d'argent pur 222 fr. 22.

(Pas-de-Calais. — 1893. — Aspirants.)

395. Deux lingots d'argent et de cuivre sont à des titres inconnus. On sait que 900 gr. du premier et 350 gr. du second forment un alliage au titre de 0,830, et que 450 gr. du premier et 800 gr. du second forment un alliage au titre de 0,740.

1° Calculer les titres de ces deux lingots;

2° Déterminer les poids qu'il faudra prendre de chacun d'eux pour former un alliage au titre de 0,835 et pesant 1450 gr.

(Nord. — 1893. — Aspirantes.)

396. Deux lingots d'alliage d'or et de cuivre ont pour titres 0,7 et 0,8. Le rapport du poids du premier à celui du deuxième est $\frac{3}{7}$.

Calculez le poids de ces lingots, sachant qu'en les fondant avec un troisième lingot au titre de 0,88 et pesant 100 gr., on obtient un lingot au titre de 0,76.

On veut réduire le lingot ainsi obtenu en une feuille de forme carrée ayant 0 mm. 25 d'épaisseur. — Quelle sera la longueur du côté du carré?

On suppose que la densité de l'alliage est 18,5.

(Alger. — 1891. — Aspirantes.)

397. Un lingot d'argent au titre de 0,865 contient 3 kil. 460 d'argent pur.

1° Quel poids d'un second lingot d'argent au titre de 0,680 faut-il lui ajouter, par voie de fusion, pour obtenir un lingot au titre de 0,782777...?

2° Quelle serait, au change des monnaies, la valeur de l'argent pur contenu dans le lingot résultant de l'alliage des deux premiers?

(Corrèze. — 1891. — Aspirantes.)

398. On a trois lingots d'or aux titres de $\dfrac{7}{10}$, $\dfrac{8}{10}$, $\dfrac{9}{10}$, et l'on veut obtenir un lingot au titre de $\dfrac{820}{1000}$ pesant 1500 gr.

Quel poids faudra-t-il des deux premiers alliages, si l'on s'impose la condition d'employer 600 gr. du 3°? — En second lieu, avec l'alliage obtenu, on veut couvrir d'une couche de 0 centim. 02 d'épaisseur la surface totale d'un cylindre de 2 centim. 5 de rayon de base, et de 12 centim. de hauteur. — On demande le poids de l'alliage employé (sa densité étant de 19,15) ainsi que sa valeur au change.

(Aisne. — 1891. — Aspirants.)

399. On a deux lingots d'argent pesant ensemble 21 kilog. : l'un est au titre de $\dfrac{900}{1000}$, l'autre au titre de $\dfrac{835}{1000}$. On sait que le poids du cuivre du second vaut 33 fois le poids du cuivre du premier. Ayant extrait l'argent pur des deux lingots, on le coule sous la forme d'une barre cylindrique dont la longueur est de 0 m. 50. — Quel est le diamètre de la section de ce cylindre?

On prendra pour le poids spécifique de l'argent 10,5 et on fera $\pi = 3,14$.

(Seine. — 1891. — Aspirantes.)

II.

QUESTIONS DE GÉOMÉTRIE

appliquée aux opérations pratiques.

1° GÉOMÉTRIE PLANE.

400. Un rectangle a pour surface 400 mq.; la longueur de son périmètre est de 100 m.; calculer ses dimensions.

(Pas-de-Calais. — 1893. — Aspirants.)

401. Calculer les dimensions d'un rectangle, sachant que, si l'on augmente la base de 4 mètres et si l'on diminue la hauteur de 3 mètres, la surface augmente de 4 mq. 40, tandis que, si la base diminue de 3 mètres et si la hauteur augmente de 4 mètres, la surface diminue de 12 mq. 40.

(Dordogne. — 1894. — Aspirants.)

402. Dans le rectangle ABCD, on prend

$$AM = \frac{2}{5} AB, \quad AQ = \frac{2}{5} AD, \quad CN = \frac{2}{5} CB, \quad CP = \frac{2}{5} CD,$$

et l'on trace le quadrilatère MNPQ.

1° Démontrer que ce quadrilatère est un parallélogramme.

2° A quelle fraction du rectangle ce parallélogramme équivaut-il?

3° Si AM vaut 8 mètres et AQ 6 mètres, quelle est la superficie de MNPQ?

4° Quelle est la distance des deux parallèles MN et PQ?

5° Quel est le côté du triangle équilatéral dont l'aire est égale à l'aire du parallélogramme MNPQ?

(Hautes-Pyrénées. — 1893. — Aspirants.)

403. On donne un rectangle ABCD. AB = 9 mètres, BC = 7 mètres.

Sur les côtés AB, BC, CD, DA, on prend les longueurs AA', BB', CC', DD' égales à x; on forme ainsi le quadrilatère A'B'C'D'.

1° Démontrer que ce quadrilatère est un parallélogramme P.

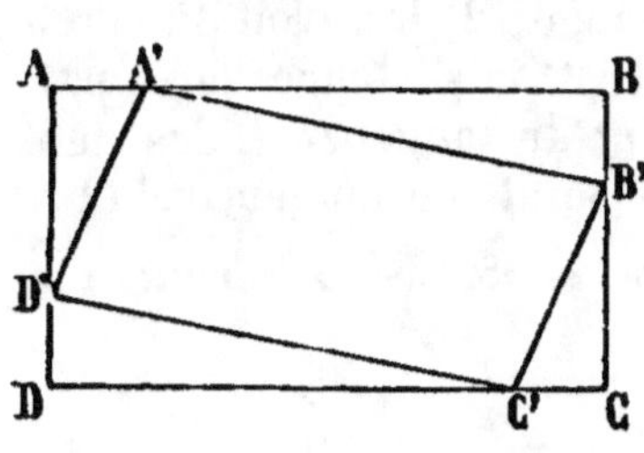

2° Démontrer que le centre de ce parallélogramme P (point de concours des diagonales) est le centre du parallélogramme ABCD.

3° Démontrer la valeur de x, de façon que la surface du parallélogramme P soit égale à 39 mètres carrés.

4° Pour quelle valeur de x le parallélogramme est-il un losange?

(Lot-et-Garonne. — 1891. — Aspirants.)

404. Dans le fond d'un tiroir ayant 0 m. 567 de largeur sur 0 m. 756 de longueur, on range des pièces de 2 fr., de telle sorte que chacune d'elles touche par ses bords les pièces voisines ou les parois du tiroir. La pièce de 2 fr. ayant 27 mm. de diamètre, on demande : 1° combien on en pourra mettre dans le fond du tiroir; 2° quelle sera la valeur de la surface recouverte par toutes ces pièces. Même question pour la pièce de 20 fr., qui a 21 mm. de diamètre. Expliquer pourquoi la surface recouverte est la même dans les deux cas.

(Allier. — 1891. — Aspirants.)

405. On veut border d'un trottoir, et sur chacun de ses côtés, une cour de forme carrée. Ce trottoir doit avoir une largeur uniforme égale aux $\dfrac{8}{173}$ du côté du carré sur lequel on veut l'établir.

On doit employer à cet effet 33 000 dalles de forme carrée, ayant 12 centimètres de côté et coûtant 24 fr. 75 le mille. Les frais de pose sont estimés à 0 fr. 75 le mètre carré.

Calculer :

1° La dépense totale pour l'établissement de ce trottoir;

2° La longueur du côté de la cour.

(Nord. — 1891. — Aspirantes.)

8.

406. Le losange ABCD a une surface de 42 décim. carrés, et ses deux diagonales BD et AC sont dans le rapport de 5 à 8.

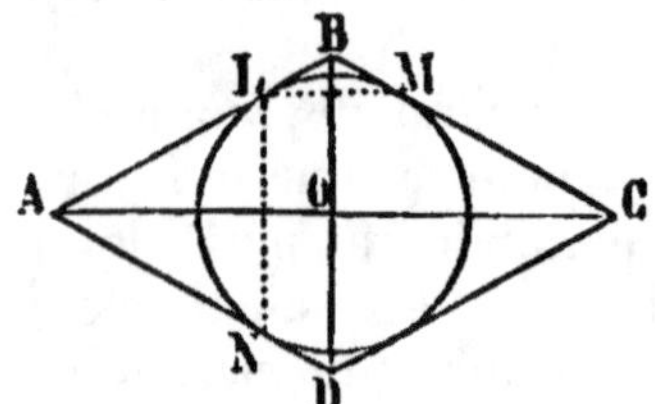

On demande : 1° le périmètre du losange; 2° le rayon du cercle inscrit; 3° la distance qui sépare le point de tangence L des deux autres points de tangence M et N.

(Drôme. — 1891. — *Aspirants.*)

407. Les trois côtés d'un triangle valent respectivement 15 mètres, 20 mètres et 23 mètres.

1° L'angle opposé au grand côté est-il droit, aigu ou obtus?

2° Calculer la hauteur correspondante au plus petit côté.

3° Calculer la surface du triangle.

(Orne. — 1891. — *Aspirants.*)

408. Dans un champ triangulaire ABC, dont les côtés sont respectivement égaux à 17 m., 18 m., 19 m., on trace, parallèlement aux côtés, un chemin partout d'égale largeur, de sorte que la partie cultivée A'B'C' forme un triangle dont la surface soit les $\frac{3}{4}$ de celle de ABC.

Calculer, à un millième près, la largeur du chemin.

(Départements de l'Académie de Paris, excepté la Seine. — 1891. — *Aspirants.*)

409. Un terrain ayant la forme d'un triangle rectangle contient 98 ares 41 centiares 5.

On demande de calculer les trois côtés du triangle, sachant que la somme des deux côtés de l'angle droit est égale à 283 m. 5.

(Seine. — 1891. — *Aspirants.*)

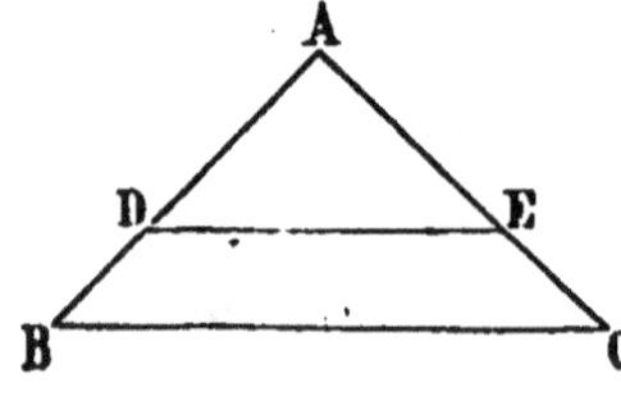

410. On donne un triangle isocèle ABC, dont la base BC a 4 m. 55 de longueur et dont l'angle à la base est de 45°.

Calculer, à 1 mq. près, la surface de ce triangle. Le partager par une parallèle DE à la base en deux parties équivalentes. Construction. Calculer, à 0 m. 01 près, la longueur de la ligne DE.

(Allier. — 1894. — Aspirants.)

411. Un triangle équilatéral ABC est circonscrit à un cercle de rayon donné, $r = 0$ m. 34. Du sommet B, on abaisse une perpendiculaire BD sur la bissectrice de l'angle extérieur C. On forme ainsi un quadrilatère ABCD, dans lequel on demande de calculer :

1° Les longueurs des deux diagonales, à moins de 1 millimètre près ;

2° La surface, à moins de 1 millimètre carré près.

(Haute-Loire. — 1893. — Aspirants.)

—•◦••◦•—

412. Les deux bases d'un trapèze ABCD sont respectivement AB = 15 m., CD = 9 m., et les diagonales sont AD = 12 m., BC = 18 m. On demande : 1° de construire le trapèze ; 2° de calculer sa surface et sa hauteur ; 3° de diviser ce trapèze en deux parties proportionnelles à 5 et à 7 par une parallèle aux bases. — On calculera la longueur de cette parallèle ainsi que ses distances aux deux bases.

(Côte-d'Or. — 1893. — Aspirants.)

413. Un terrain a la forme d'un trapèze isocèle dont la grande base AB a une longueur de 120 mètres et dont le côté AD, qui fait un angle de 60° avec cette base, a une longueur de 24 mètres. Cela posé, on demande : 1° la valeur de ce terrain à raison de 45 fr. l'are ; 2° le prix d'un terrain carré dont le côté est égal aux $\frac{7}{20}$ de la diagonale AC, sachant que le prix de l'are de ce second terrain est au prix de l'are du premier dans le rapport de $\frac{3}{4}$ à $\frac{5}{7}$.

(Départements de l'Académie de Paris, excepté la Seine. — 1894. — Aspirants.)

414. On donne un trapèze ABCD dont on connaît la grande base AB = a et la petite base CD = $\frac{a}{2}$. Sur la grande base, on prend un point E, dont la distance AE au sommet A est donnée et égale à m. Par ce point, on veut tracer une droite EF qui partage le trapèze ABCD en deux parties équivalentes. Déterminer le point F où cette sécante rencontre la petite base. On désignera par x la distance CF.

1º Exprimer x en fonction de a pour $m = \dfrac{a}{3}$; 2º calculer la valeur qu'il faudrait donner à m pour que le point F coïncidât avec le sommet C.

On supposera ensuite que le trapèze ABCD est isocèle et que chaque côté oblique aux bases est, ainsi que la petite base, égal à la moitié de la grande base; exprimer la surface de ce trapèze en fonction de a, longueur de la grande base.

(Départements de l'Académie de Bordeaux. — 1894. — *Aspirants*.)

----

415. Dans un triangle ABC, l'angle A vaut 60°, et les côtés AB, BC valent respectivement 18 et 12 mètres. On construit une circonférence O tangente au côté AB au point B et à la droite AC.

1º Trouver la longueur de cette circonférence.

2º Trouver les deux segments que la droite AO détermine sur le troisième côté BC du triangle.

(Somme. — 1893. — *Aspirants*.)

416. Dans un cercle de rayon donné R est inscrit un trapèze ABCD, dont la grande base est un diamètre et dont la petite base sous-tend l'arc DIC. L'angle AED que forment entre elles les diagonales est de 45°. On demande :

1º D'évaluer en degrés l'arc DIC et les angles du trapèze;

2º De calculer la longueur de la petite base et l'aire du trapèze, en supposant le rayon R égal à 2 m. 40.

(Haute-Loire. — 1894. — *Aspirants*.)

417. Dans un cercle dont le centre est O, on mène deux diamètres perpendiculaires l'un sur l'autre, AB et CD. Du point C comme centre, avec CA pour rayon, on décrit un arc de cercle qui passe aussi par le point B et coupe le rayon CD en un point M.

On joint le point C aux points A et B.

Démontrer que l'aire du croissant AMBDA est équivalente à celle du triangle ACB.

(Vendée. — 1891. — *Aspirants*.)

2° GÉOMÉTRIE DANS L'ESPACE.

418. Dans un parallélépipède rectangle, les trois dimensions sont en progression arithmétique, et leur somme égale 24. Sachant que la surface totale vaut 366 mètres carrés, trouver son volume.

(Haute-Saône. — 1893. — *Aspirants*.)

419. Calculer les dimensions d'un parallélépipède rectangle dont le volume est de 13 824 décimètres cubes, sachant que la somme de ses trois dimensions est égale à 12 m. 6 et que l'une d'elles est moyenne proportionnelle entre les deux autres.

(Constantine. — 1893. — *Aspirants*.)

420. Quelle est exactement la quantité de cuivre en poids et en volume qui entre comme alliage dans une statuette d'or pesant 13 kilog. 5072 et élevant de 0 m. 06 le niveau de l'eau contenue dans un bassin où on la plonge ? — Ce bassin a la forme d'un parallélépipède rectangle dont la base est longue de 0 m. 14 et large de 0 m. 09.

Densité de l'or = 19 ; du cuivre = 8,8.

(Morbihan. — 1893. — *Aspirantes*.)

421. Une caisse triangulaire est divisée en 3 compartiments par 2 cloisons perpendiculaires à la longueur. En enlevant les cloisons, l'eau qui remplit le 1ᵉʳ compartiment, versée dans la caisse, s'élèverait à 0 m. 12 de hauteur. Dans les mêmes conditions, l'eau qui remplit le 2ᵉ compartiment s'élèverait à 0 m. 18, et l'eau qui remplit le 3ᵉ compartiment à 0 m. 30. Le volume de la caisse est de 920 lit. 205 et sa longueur est le triple de sa largeur.

D'après cela, calculer les dimensions de chacun des com-

partiments qui forment cette caisse. — Vérifier le résultat
obtenu.

(Départements de l'Académie de Paris, excepté la Seine.—1891.
— *Aspirantes*.)

422. Quelle longueur a le côté d'un bassin ayant la forme
d'un prisme octogonal dont la base est un octogone régulier?
Sa capacité est de 600 mc. et sa profondeur est à son côté
dans le rapport de 2 à 7.

(Indre-et-Loire. — 1891. — *Aspirants*.)

423. La base d'une pyramide régulière est un triangle
équilatéral circonscrit à un cercle de 17 mètres de rayon; la
surface latérale de la pyramide est double de celle de la base.
   Calculer : 1° le volume de la pyramide; 2° le poids d'un
cube en fonte ayant pour diagonale la hauteur de la pyramide.
La densité de la fonte est de 7,49.

(Ardèche, Indre, Vosges. — 1893 et 1891. —*Aspirants*.)

424. Démontrer que le volume d'une pyramide triangulaire est égal au tiers du volume d'un prisme ayant même
base et même hauteur. — Déterminer à l'intérieur d'une pyramide triangulaire un point tel, qu'en le joignant aux sommets de la pyramide donnée, les quatre pyramides obtenues
soient équivalentes.

(Gers. — 1893. — *Aspirants*.)

425. La base d'une pyramide régulière est un hexagone
dont le côté est égal à 3 mètres. — Calculer la hauteur qu'il
faut donner à cette pyramide pour que la surface latérale soit
égale à dix fois la surface de la base.

(Constantine, Somme. — 1891. — *Aspirants*.)

426. Des matériaux pour construction sont amassés de
façon à former une pyramide régulière ayant une hauteur
égale à 146 mètres et pour base un hexagone régulier de
144 m. 46 de côté. — Calculer :
   1° Le volume de cette pyramide;

2° La longueur du mur que l'on pourrait construire avec les matériaux, en la supposant compacte ; ce mur a 5 mètres de hauteur, fondations comprises, et 0 m. 35 d'épaisseur.

(Creuse. — 1893. — Aspirants.)

427. Une pyramide tronquée a pour bases deux octogones réguliers ; l'octogone de la base inférieure a 4 décimètres de côté et celui de la base supérieure 3 décim. La hauteur du tronc est de 5 décim. — On demande le volume de la pyramide totale.

(Rhône. — 1893. — Aspirants.)

428. Un tronc de pyramide régulière à base carrée ABCDA'B'C'D' a 8 m. de hauteur. Le côté de la base inférieure a 10 m., celui de la base supérieure a 6 m. On trace les droites AC', BD', CA', DB'.

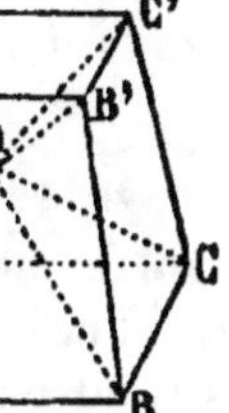

Démontrer que ces droites se coupent en un point O. Calculer la surface latérale et le volume de chacune des pyramides OABCD, OA'B'C'D'.

(Alger. — 1894. — Aspirants.)

429. Démontrer que si l'on coupe une pyramide par un plan parallèle à sa base, on obtient une nouvelle pyramide semblable à la première, et que le rapport des volumes de ces deux pyramides est égal au rapport des cubes des lignes homologues.

(Hérault. — 1893. — Aspirants.)

430. On demande la capacité d'une auge de maçon dont la petite base est un rectangle de 0 m. 55 de longueur sur 0 m. 37 de largeur, sachant que les faces latérales sont inclinées à 45° sur cette base et que la profondeur de l'auge est de 0 m. 35.

(Saône-et-Loire. — 1893. — Aspirants.)

— ⚬✳⚬ —

431. Un cône a 3 mètres de hauteur et un rayon de 1 m. On développe sur un plan la surface latérale de ce cône et l'on obtient un secteur circulaire. — Calculer l'angle au centre de ce secteur.

(Côte-d'Or. — 1893. — Aspirants.)

432. On a un secteur circulaire en fer-blanc, dont le rayon est 0 m. 78 et l'angle au centre de 120°. On rapproche les bords rectilignes de ce secteur et l'on forme un cône droit.

Quelle est, en litres, la capacité de ce cône? — Généraliser la question.

(Morbihan. — 1893. — Aspirants.)

433. La hauteur d'un cône de révolution est de 6 m. 50, et son volume est de 22 mc.

Calculer : 1° le rayon de la base de ce cône; 2° sa surface latérale; 3° l'angle au centre du secteur obtenu en développant la surface latérale du cône sur un plan.

(Savoie et Haute-Savoie. — 1891. — Aspirants.)

434. Un cône droit a pour rayon de base 12 centim. et pour hauteur 42 centim. On développe sa surface latérale. — Quel est, en degrés, minutes, secondes, l'angle des deux rayons qui limitent le secteur ainsi formé? Prendre $\pi = 3,1416$.

(Gard. — 1893. — Aspirants.)

435. Le rayon de la base d'un cône circulaire droit a 0 m. 15 de longueur; la hauteur du cône a 0 m. 50. — Calculer l'angle des deux rayons limitant le secteur obtenu en développant la surface latérale du cône. — Quel est le poids de ce cône, sachant qu'il est formé d'un alliage d'or et de cuivre au titre légal des monnaies d'or? (Densité de l'or = 19; densité du cuivre = 8,9.)

(Cantal. — 1891. — Aspirants.)

436. Un verre de forme conique est plein d'eau jusqu'au bord. Il pèse 900 gr. Le poids du verre vide est $\frac{1}{6}$ du poids de l'eau. — On demande :

1° La capacité du vase en centilitres;

2° Le rayon du cercle formant le bord du verre, sachant que la hauteur de ce dernier est de 13 centim.

(Constantine. — 1893. — Aspirantes.)

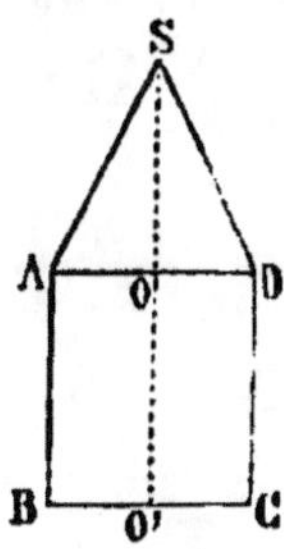

437: On considère un cône droit et un cylindre droit à bases circulaires de même rayon. Les arêtes latérales des deux corps ont même longueur. La somme des hauteurs est 2 mètres. Le volume du cylindre vaut 5 fois le volume du cône.

Calculer, à moins de 1 centim. carré près, la surface latérale, et, à moins de 1 litre près, le volume de chacun de ces corps.

(Puy-de-Dôme. — 1891. — *Aspirants.*)

438. Un lingot formé d'un alliage d'argent et de cuivre a la forme d'un cône droit dont le rayon de la base est le $\frac{1}{3}$ de la hauteur. Déterminer ce lingot, son poids, son volume et ses dimensions (rayon et hauteur), sachant que si on le plonge dans une éprouvette cylindrique contenant du mercure, la hauteur étant verticale et le sommet en bas, le lingot flotte, que la hauteur du cône immergé est les 0,9 de celle du cône total, et que le niveau du mercure dans l'éprouvette s'élève de 0 m. 015. Le rayon intérieur de l'éprouvette est 0 m. 05.

On donne la densité de l'argent $= 10,5$; cuivre $= 8,1$; mercure $= 13,60$.

(Hautes-Alpes. — 1893. — *Aspirants.*)

439. On a représenté la production en or d'un pays, pendant une période donnée, par une pyramide quadrangulaire régulière, dont la base a pour rayon 0 m. 86 et dont l'apothème a 5 m. 76. En admettant que la densité de l'or est de 19,25, on demande quel serait le poids du volume d'or ainsi représenté.

On demande, en outre, quel serait le rayon de la base d'un cône droit à base circulaire, dont la hauteur serait de 1 m. 86, et qui aurait le même volume que la pyramide.

(Côtes-du-Nord. — 1893. — *Aspirants.*)

440. Un cône droit, de hauteur H, dont la base a R pour rayon, et dont la densité est D, est placé, son axe étant vertical et sa pointe dirigée vers le bas, dans un liquide de densité d ($d > D$).

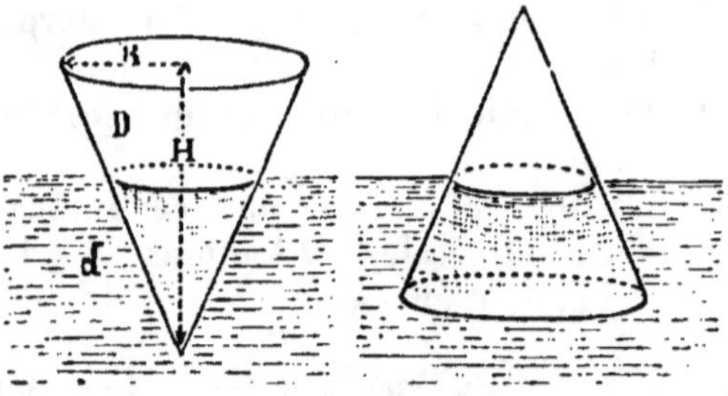

On demande quelle est la hauteur de la portion immergée.

Résoudre la question en supposant le cône placé en sens inverse.

Application numérique : H $= 0$ m. 25.

$$R = 0 \text{ m. } 10.$$
$$d = 2 D.$$

N. B. — On pourra employer les tables de logarithmes.

(Indre-et-Loire. — 1893. — Aspirants.)

441. La hauteur d'un cône est de 10 mètres, le rayon de sa base 5 m. On demande à quelle distance de la base il faut mener un plan parallèle pour que le volume du tronc soit de 20 mc.

(Creuse. — 1891. — Aspirants.)

442. Une cuvette a la forme d'un tronc de cône; le fond a un diamètre intérieur de 0 m. 18; le diamètre du bord supérieur est 0 m. 27; le côté en talus a 0 m. 10. — Quelle est la capacité de cette cuvette? Si l'on y verse 1 litre d'eau, à quelle hauteur s'élèvera l'eau?

(Hautes-Alpes. — 1893. — Aspirants.)

443. Un vase, en forme de tronc de cône, contient de l'eau jusqu'à une hauteur de 2 m. 15; le rayon de la base inférieure sur laquelle repose le vase est de 0 m. 55 et le rayon de la surface supérieure de l'eau de 0 m. 70. On laisse tomber dans le vase un morceau de marbre de forme cubique ayant 0 m. 15 de côté. — A quelle hauteur l'eau montera-t-elle dans le vase?

(Ardennes. — 1891. — Aspirants.)

444. Calculez les rayons des deux bases d'un tronc de cône, connaissant son volume, sa hauteur et la somme des rayons des bases.

Application : Volume du tronc de cône : 716 dmc. 2848 ;
Hauteur : 0 m. 9 ;
Somme des rayons : 1 m.

(Ain. — 1893. — *Aspirants.*)

445. Calculer les rayons des bases et la hauteur d'un tronc de cône, sachant que les rayons des bases sont dans le rapport de 5 à 4 ; que l'apothème est égal à la somme des rayons et que la surface totale est égale à celle d'un cercle de 2 m. de rayon.

(Seine. — 1893. — *Aspirants.*)

446. Un tronc de cône est circonscrit à une sphère dont le rayon est de 2 mètres ; son volume est le double de celui de la sphère. Calculer les rayons des deux bases et l'arête de ce tronc de cône.

(Oran. — 1893. — *Aspirants.*)

447. Un bassin cylindrique, profond de 1 m. 50, est alimenté à sa partie supérieure par une fontaine qui, coulant seule, le remplirait en 3 h. Ce bassin est muni de 3 robinets A, B, C, situés à des hauteurs de 0 m. 30, 0 m. 75 et 1 m. au-dessus de la base. Ces robinets, coulant isolément, videraient la partie du bassin située au-dessus d'eux en 6 heures. On demande d'après cela dans combien de temps le bassin, supposé d'abord vide, sera rempli, la fontaine et tous les robinets étant ouverts. — On établira le raisonnement et les calculs en appliquant le principe suivant, que les volumes des cylindres de même base sont proportionnels à leurs hauteurs.

(Lot-et-Garonne. — 1891. — *Aspirantes.*)

448. Un vase a la forme d'un tronc de cône dont les deux bases ont, l'une 7, et l'autre 5 décim. de diamètre. La profondeur du vase est de 6 décim., et ce vase contient de l'eau qui s'élève à 4 décim. On demande le volume de cette eau.

Si l'on verse ce liquide dans un vase cylindrique de 6 décim. de profondeur, quel devra être le rayon de ce vase pour qu'il soit exactement rempli?

(Isère. — 1893. — *Aspirants.*)

449. Un vase ayant la forme d'un tronc de cône a 6 décim. de profondeur, et les diamètres à l'ouverture et au fond sont de 7 et de 3 décim. Ce vase est rempli d'un liquide qui peut s'écouler par un robinet placé au fond du vase. On laisse couler ce liquide dans un vase cylindrique de 5 décim. de diamètre jusqu'à ce que le niveau se soit abaissé de 2 décim. dans le vase conique.

On demande quelle est alors la hauteur du liquide dans le vase cylindrique. On déterminera cette hauteur avec une erreur plus petite que 1 millim.

(Isère. — 1891. — *Aspirants.*)

450. Un vase de forme cylindrique plein d'eau pèse 900 gr.; le vase vide pèse $\frac{1}{5}$ de l'eau qui y est contenue. Un vase de même forme est placé à côté du premier, et il est tel qu'en y versant l'eau contenue dans le premier, celle-ci ne s'élève qu'au quart de la hauteur du cylindre. La hauteur commune des deux cylindres est de 1 dm. $\frac{1}{2}$. — On demande : 1° les volumes des deux cylindres; 2° le rapport des rayons des bases; 3° la valeur des rayons des bases en millimètres.

(Ardèche. — 1891. — *Aspirants.*)

451. Un cylindre de fer pesait 36 285 gr. 48. Sans en altérer la longueur totale, on en a façonné les deux extrémités en forme de cônes, dont la hauteur égale le diamètre, qui est celui du cylindre.

Cette modification a diminué le poids du corps de 8063 gr. 44. On sait que la densité du fer est 7,7.

Trouver la longueur et le diamètre du cylindre. On prendra $\pi = 3{,}1416$.

(Seine. — 1891. — *Aspirants.*)

452. Un fil cylindrique en argent pèse 13 gr. 148 et a 0 m. 0015 de diamètre. On veut le recouvrir d'une couche

d'or de 0 m. 0002 d'épaisseur. Trouver le poids de l'or nécessaire.

Densité de l'or = 19,26. — Densité de l'argent = 10,47.

(Haute-Vienne. — 1891. — *Aspirants.*)

453. On considère un tube en fer ayant la forme d'un cylindre droit à base circulaire. L'épaisseur des parois de ce
cylindre supposé creux est 2 millim. La longueur du tube est
4 m. Son poids est 3392 gr. 928.

Sachant que le poids spécifique du fer est 7,5, calculer le
rayon extérieur R et le rayon intérieur *r* du tube.

(Puy-de-Dôme. — 1891. — *Aspirants.*)

454. Une personne veut garnir d'étoffe une colonnette cylindrique ayant 0 m. 254 de diamètre et 1 m. 20 de hauteur.
Les bases ne seront pas recouvertes; le fût sera enveloppé
dans un manchon formé d'une seule pièce pour qu'on n'ait
qu'une couture à faire. Cette personne a le choix entre deux
étoffes de même prix à surface égale : l'une ayant 1 m. 50 de
large et l'autre 0 m. 90.

Dire la surface à recouvrir, puis chercher laquelle des deux
étoffes donnera le moins de perte et dire quelle longueur de
cette étoffe il faudra acheter.

(Départements de l'Académie de Bordeaux. — 1891. —
Aspirantes.)

455. Un alliage d'argent et de cuivre au titre de 0,75 a la
forme d'un cylindre creux, dont la longueur est 50 centim., le
rayon extérieur 2 centim. et le rayon intérieur 1 centim.

On demande : 1° le poids de cet alliage, sachant que la
densité de l'argent est 10,5 et celle du cuivre 8; 2° le poids
du cuivre qu'il faudrait y ajouter pour réduire le titre à 0,70.

On prendra $\pi = 3,14$.

(Départements de l'Académie de Lyon. — 1893. — *Aspirantes.*)

456. Dans un cylindre plein d'eau, dont la hauteur et le
diamètre de base sont égaux, on immerge un tétraèdre régulier, en fer. Ce volume a pour base le triangle équilatéral inscrit dans le cercle de base du cylindre. On demande le poids
de l'eau qui sort du cylindre et la hauteur à laquelle s'élèvera

le liquide dans ce vase, lorsqu'on aura retiré le tétraèdre. Le diamètre du cylindre est de 21 centimètres.

(Aube. — 1891. — Aspirants.)

———————×××———————

457. On a un litre en étain à mesurer le vin, plein de ce liquide; on y plonge une sphère de même diamètre. — On demande, à un centilitre près, la quantité de vin qui sortira du vase.

(Pas-de-Calais. — 1891. — Aspirants.)

458. Dans un verre, ayant la forme d'un tronc de cône creux renversé et plein d'eau, on laisse tomber une sphère. Les rayons des bases du tronc de cône étant doubles l'un de l'autre et la hauteur égale à la somme des rayons des bases, on supposera que le rayon de la sphère est égal à $2a$ (a étant le rayon de la plus petite base).

Cela posé, on demande de trouver, en fonction de a :

1° La distance y du centre de la sphère à la base inférieure ;

2° Le rayon x du cercle de contact ;

3° La quantité d'eau expulsée par la sphère ;

4° La quantité d'eau restée dans le verre au-dessus de la sphère.

(Deux-Sèvres. — 1891. — Aspirants.)

459. Un cylindre et un cône équilatéral étant circonscrits à une sphère de rayon R, démontrer :

1° Que la surface totale du cylindre est moyenne proportionnelle entre la surface de la sphère et la surface totale du cône ;

2° Que le volume du cylindre est moyen proportionnel entre les volumes de la sphère et du cône.

En supposant le rayon de la sphère égal à 0 m. 06, on calculera les surfaces totales et les volumes des trois corps.

(Corrèze. — 1891. — Aspirants.)

460. Une sphère, un cylindre et un cône ont des volumes équivalents; de plus, la sphère, la base du cylindre et celle du cône ont des diamètres égaux entre eux et à 3 décimètres. On demande la hauteur du cylindre et celle du cône.

On verse 8 litres d'eau dans le cylindre; à quelle hauteur s'élèvera le liquide?

(Ardèche. — 1891. — *Aspirants.*)

461. Une sphère dont la surface est égale à 60 mq. 2656 est inscrite dans un cylindre. — On demande : 1° quelle est la surface latérale du cylindre; 2° sa surface totale.

(Constantine. — 1891. — *Aspirants.*)

462. Calculer le volume de la sphère inscrite dans un cône de 9 mètres cubes, sachant que la génératrice du cône est égale au diamètre de la base.

(Pyrénées-Orientales. — 1893. — *Aspirants.*)

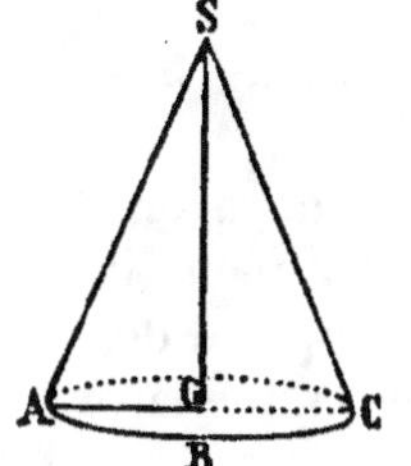

463. Le cône SABC est engendré par la révolution du triangle rectangle SAG autour du côté GS.

L'hypoténuse SA de ce triangle a 8 mètres, et les deux côtés AG et SG de l'angle droit sont dans le rapport de 3 à 7.

Inscrire une sphère dans le cône ainsi formé et calculer la surface de la calotte sphérique déterminée par le cercle de contact de la sphère et du cône.

(Drôme. — 1893. — *Aspirants.*)

464. Un aéronaute est parvenu à une hauteur de 8 kilomètres. On demande quelle fraction de la surface de la terre il peut apercevoir, la terre étant supposée sphérique et son rayon de 6366 kilomètres.

On calculera de plus le rapport de la surface visible par l'aéronaute à la surface de la terre?

(Cantal. — 1893. — *Aspirants.*)

465. Calculer le volume de la maçonnerie d'une niche sphérique dont le rayon extérieur est 0 m. 75, l'épaisseur 0 m. 25, et la hauteur 2 m. 30. Que coûtera, à raison de 3 fr. 25 le mètre carré, la peinture intérieure de cette niche? (La niche sphérique est composée d'un $\frac{1}{2}$ cylindre creux couronné par $\frac{1}{4}$ de sphère creuse de même diamètre.)

(Ardennes. — 1891. — *Aspirants.*)

466. Une chaudière a la forme d'un cylindre terminé par deux hémisphères de même rayon que le cylindre. La surface totale est de 6 mq. La longueur est de 5 m. (y compris l'espace occupé par les hémisphères). — On demande :

1º Le rayon du cylindre ;

2º Sa longueur ;

3º Le volume de la chaudière, en faisant abstraction de l'épaisseur des parois.

(Somme. — 1894. — *Aspirants.*)

467. Une chaudière est formée d'un cylindre terminé par deux hémisphères de même rayon que le cylindre. Le rapport de la longueur du cylindre à ce rayon est 4. — Déterminer la longueur intérieure totale de cette chaudière, qui doit avoir une capacité de 12 hectolitres.

(Hautes-Alpes. — 1894. — *Aspirants.*)

468. Sur le prolongement du diamètre AB, de rayon R, on prend un point P à la distance x du point O. On mène la tan-

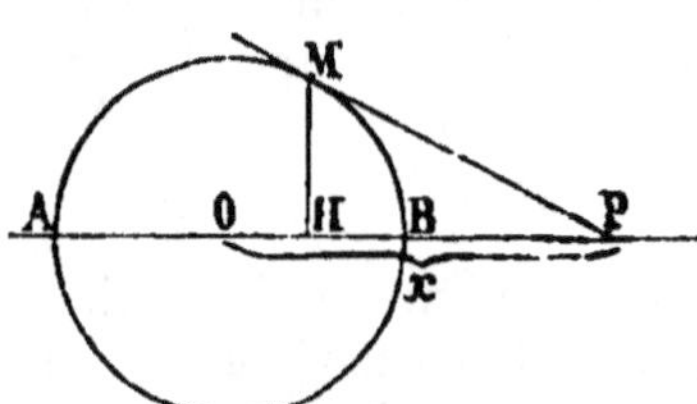

gente PM, et au point de contact M la perpendiculaire au diamètre AB.

1º Calculer les longueurs PM, OH, MH, BH en fonction de x et de R.

2º Calculer le volume du cône engendré par le triangle MHP en tournant autour de AB, et déterminer la position du point P pour que ce volume soit égal à 4 fois le volume de la sphère qui aurait BH pour rayon.

(Lot-et-Garonne. — 1894. — *Aspirants.*)

469. Dans l'un des plateaux d'une balance on place une sphère en or. Dans l'autre plateau se trouve un cylindre en fer, dans lequel est creusé un cône dont la hauteur et le rayon sont respectivement la moitié de la hauteur et du rayon du cylindre. Le cône étant rempli de mercure, l'équilibre de la balance se trouve établi.

On demande le rayon du cylindre, sachant que celui de la sphère est de 1 centimètre, que la hauteur du cylindre est 32 millimètres.

La densité du fer est 7,7 ; celle du mercure, 13,6 ; celle de l'or, 19,07.

(Pyrénées-Orientales. — 1893. — Aspirants.)

470. Dans un cône dont l'axe fait un angle de 30° avec la génératrice, on introduit une sphère de 0 m. 2. de rayon. — Calculer :

1° Le rayon de la circonférence de contact des deux figures ;

2° La surface de la zone visible du sommet du cône ;

3° Le volume compris entre cette zone et la surface du cône ;

4° Le rayon d'une autre sphère comprise dans ce volume et tangente à la première et à la surface du cône.

(Aisne. — 1893. — Aspirants.)

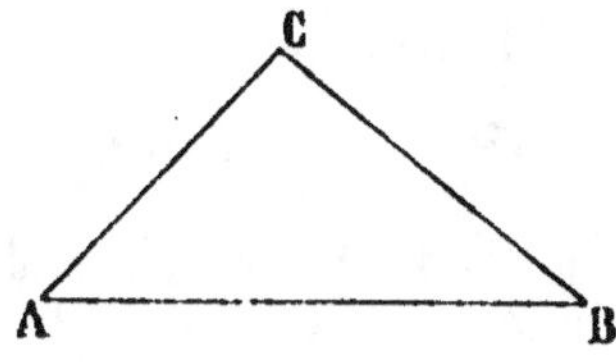

471. Évaluer, en fonction des trois côtés, le volume et la surface du corps engendré par la révolution du triangle ABC autour de l'un des côtés AB.

Application numérique :

$$AB = 8 \text{ m.,} \quad AC = 5 \text{ m.,} \quad CB = 7 \text{ m.}$$

(Drôme. — 1894. — Aspirants.)

472. On fait tourner autour de sa base AB le triangle ABC. Quelle est la nature du volume ainsi engendré ?

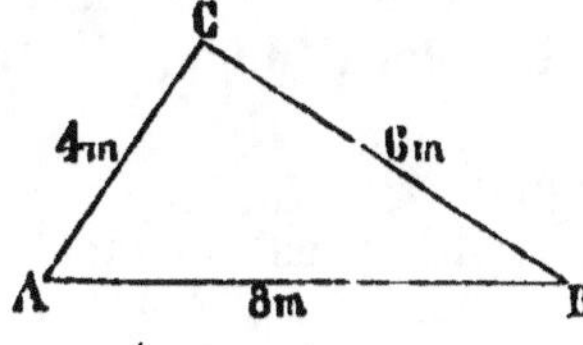

Sachant que AB a 8 mètres, AC, 4 mètres, et CB, 6 mètres, trouver le volume de ce solide, ainsi que le rapport existant entre ce solide et celui qui serait engendré par la révolution d'un rectangle ayant même base et même hauteur que le triangle ABC.

(Aube. — 1893. — Aspirants.)

473. Dans un triangle rectangle, les côtés de l'angle droit ont respectivement 108 et 144 millimètres. — A quelle hauteur à partir de l'hypoténuse faut-il mener une parallèle à 0.

celle hypoténuse pour obtenir un trapèze de 972 millimètres carrés?

Si l'on fait tourner ce triangle autour de l'hypoténuse, quels seront le volume et la surface extérieure du solide engendré?

(Cantal. — 1893. — Aspirants.)

474. On considère le trapèze ABCD rectangle en A et en B, dans lequel on donne : $AB = h$, $AD = a$, $BC = b$. On prend M sur le milieu de AB et on construit le triangle CMD.

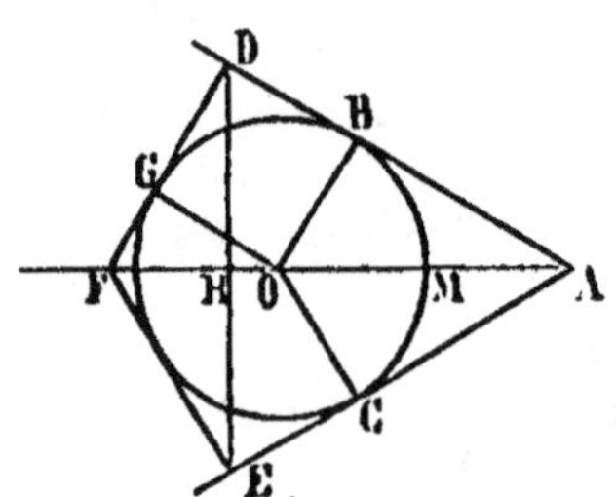

1º Trouver la relation entre h, a et b pour que le triangle CMD soit rectangle en M.

2º Trouver le volume engendré par le triangle CMD lorsqu'on fait tourner la figure autour de AB (on remplacera, dans l'expression du volume, h par sa valeur tirée de la relation trouvée précédemment).

Application : $a = 9$; $b = 4$ (calculer le volume).

(Creuse. — 1893. — Aspirants.)

475. Étant donnée une circonférence O de 5 décimètres de rayon, on prend un point A à une distance du centre égale à 2 R. De ce point on mène les deux tangentes AB et AC, et on les prolonge à partir des points de contact d'une longueur égale à R, ce qui donne les deux points D et E. Enfin de ces deux points D et E on mène les deux tangentes DF et EF.

On demande :

1º De démontrer que le quadrilatère BOCD est un carré et que par suite l'angle D est droit;

2º De calculer les longueurs des droites AD, DF, AF, DH :

3º De calculer l'aire de la surface BMCA;

4º De calculer le volume engendré par le triangle ADF tournant autour de AF.

(Isère. — 1893. — Aspirants.)

476. On fait tourner successivement autour de chaque côté de l'angle droit un triangle rectangle dont l'un des angles aigus est double de l'autre.

On demande de déterminer le rapport des surfaces totales et celui des volumes ainsi engendrés. Donner la valeur de chaque rapport à moins d'un millième près.

(Nord. — 1894. — Aspirants.)

477. Dans un triangle rectangle ABC, on donne les deux côtés de l'angle droit : AB = 48 mètres, AC = 20 mètres.

On demande de calculer : 1° le volume et la surface totale du cône engendré par la rotation du triangle autour du côté AB; 2° le volume et la surface totale du solide engendré par la rotation du triangle autour de l'hypoténuse BC; 3° le volume et la surface totale du solide engendré par la rotation du triangle autour de la perpendiculaire xy élevée à l'hypoténuse par le point c.

(Yonne. — 1893. — Aspirants.)

478. Un rectangle a 4 m. 50 de long sur 3 m. 50 de large. Calculer à 1 décimètre cube près le volume engendré par la surface de ce rectangle tournant autour d'un axe passant par un de ses sommets et perpendiculaire à la diagonale aboutissant à ce sommet?

(Haute-Saône. — 1893. — Aspirants.)

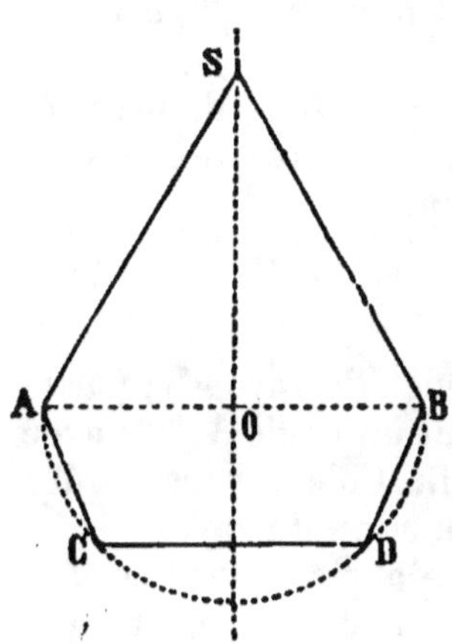

479. On donne un triangle isocèle ASB dans lequel SA = SB. On sait que la hauteur SO = 428 mètres, et que SA + AO = 856 mètres. Sur AB comme diamètre, on décrit une demi-circonférence, et l'on mène parallèlement à AB la corde CD égale au côté du carré inscrit dans la circonférence de diamètre AB. On joint CA et DB. Calculer la surface totale et le volume du solide engendré par le pentagone SACDB tournant autour de SO.

(Ille-et-Vilaine. — 1893. — Aspirants.)

480. Un losange de côté a, dont l'un des angles au sommet vaut 60°, tourne autour d'un axe situé dans son plan, perpendiculaire à la grande diagonale et passant par une extrémité de celle-ci.

On demande l'expression du volume engendré par ce losange.

(Landes. — 1894. — Aspirants.)

481. L'une des bases d'un trapèze est les $\frac{5}{7}$ de l'autre ; la hauteur du trapèze est les $\frac{15}{16}$ de la différence des deux bases ; la surface est 28 mq. 8.

Calculer : 1° les deux bases et la hauteur ; 2° le volume qu'engendre ce trapèze en tournant autour de sa grande base.

(Aude. — 1893. — Aspirants.)

482. On donne deux cercles, de 5 et 3 décimètres de rayon, et dont la distance des centres OO′ est de 6 décimètres ; on

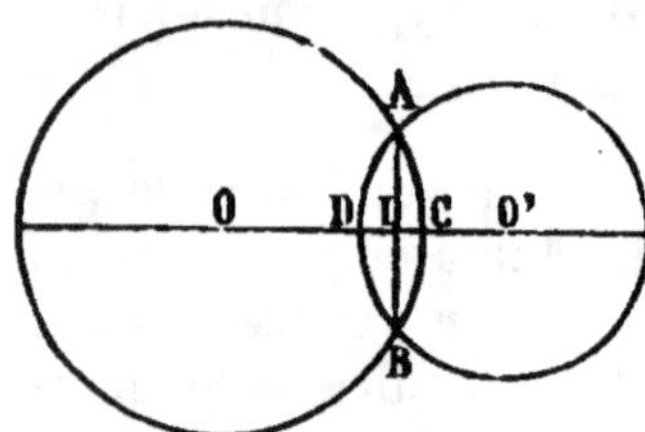

mène la corde commune AB qui coupe la ligne des centres au point I.

On demande :

1° De calculer la longueur de la corde commune AB ;

2° De calculer les longueurs des deux flèches IC et ID ;

3° De calculer le volume engendré par la partie commune aux deux cercles (ACBD) lorsqu'on fait tourner la figure autour de la ligne des centres OO′.

Les calculs de AB, IC et ID devront être faits de manière à obtenir les résultats avec une erreur plus petite que 0 m. 001, si on ne peut pas les obtenir exactement.

(Isère. — 1894. — Aspirants.)

483. On donne une demi-circonférence de rayon R ; par le point A, on mène une corde AC faisant un angle de 30° avec

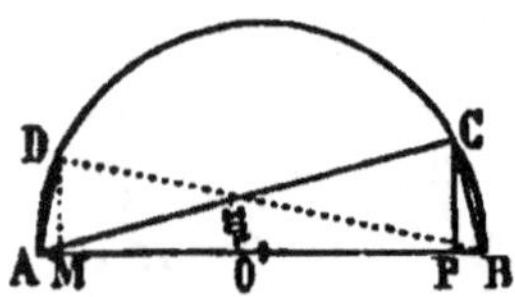

le diamètre AB. Calculer les cordes AC et BC en fonction du rayon.

Du point C on abaisse une perpendiculaire CP sur le diamètre. Trouver sur AB un point M tel, que si on élève en ce point une perpendiculaire à AB jusqu'à la rencontre en D avec la demi-circonférence, le volume engendré par le triangle ADB soit égal au volume engendré par le triangle ACP quand ces triangles tournent autour de AB comme axe.

(Charente-Inférieure. — 1891. — Aspirants.)

484. On donne un demi-cercle dont le diamètre AB est vertical, et une tangente AX.

Par le milieu de OA on mène CD perpendiculaire au diamètre, puis DE perpendiculaire à AX, et l'on joint DB.

Trouver en fonction du rayon R l'expression du volume engendré par AEDB tournant autour de AB.

(Vienne. — 1894. — Aspirants.)

485. On considère une circonférence O et le triangle équilatéral ABC qui y est inscrit. Si on fait tourner la figure autour du diamètre OA, on obtient une sphère et un cône de révolution. On propose de calculer les rapports des volumes du cône et de la sphère.

Si par un point H du diamètre OA, on mène une parallèle EG à BC, on détermine un trapèze EGBC : dans la rotation considérée précédemment autour de OA, ce trapèze donne naissance à un tronc de cône. On demande de déterminer AH, en supposant que le volume de ce tronc de cône est égal aux $\dfrac{5}{32}$ du volume de la sphère.

(Savoie et Haute-Savoie. — 1894. — Aspirants.)

486. On donne une circonférence de rayon R, dans laquelle on mène la corde $AB = a$. Au point A on élève à AB la perpendiculaire AC, qui rencontre la circonférence en un second point C; on joint CB et on mène la tangente CT en un point C jusqu'à la rencontre en T de BA prolongé. On fait tourner toute la figure autour de la tangente CT et on demande de déterminer la longueur a de la corde AB :

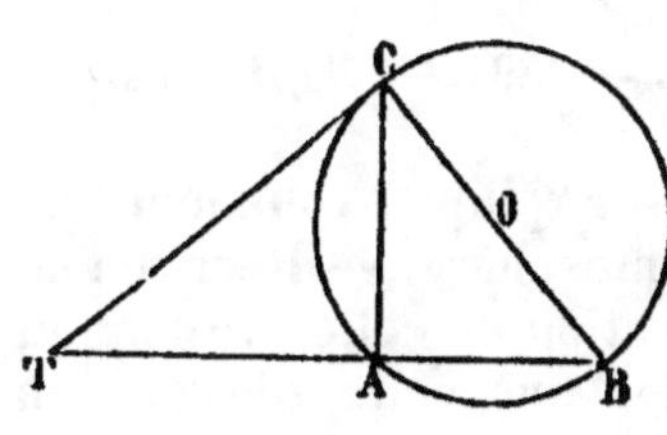

1° Pour que la surface engendrée par TB soit double de celle d'une sphère de rayon R;

2° Pour que le volume engendré par le triangle TBC soit le double de celui de la sphère de rayon R.

Dans le cas où l'on fait $a = R\sqrt{2}$, trouver le rapport des volumes engendrés par les triangles TCB et TCA.

(Charente-Inférieure. — 1893. — Aspirants.)

III.

QUESTIONS DE SCIENCES PHYSIQUES ET NATURELLES

avec leurs applications les plus usuelles à l'hygiène, à l'industrie, à l'agriculture et à l'horticulture.

1° PHYSIQUE.

487. Loi de la chute des corps. — Machine d'Atwood.

(Pyrénées-Orientales. — 1893. — *Aspirants.*)

488. Exposer la méthode employée pour déterminer la densité des corps.

(Hautes-Alpes. — 1891. — *Aspirantes.*)

489. I. — Pression atmosphérique. — Variations diurnes et annuelles.

II. — Indiquer les principes sur lesquels repose la photographie.

(Hautes-Alpes. — 1891. — *Aspirants.*)

490. Expérience de Torricelli. — Expliquer comment elle permet d'évaluer la pression de l'atmosphère. — Décrire l'un des instruments servant à l'observation de cette pression et énumérer les renseignements utiles que cette observation peut fournir.

(Pas-de-Calais. — 1891. — *Aspirantes.*)

491. De l'air atmosphérique. — Composition. — Hauteur. — Pression. — Courants.

(Drôme. — 1894. — *Aspirants.*)

492. Théorie du baromètre. — Description du baromètre à cuvette. — Application du baromètre.

(Vendée. — 1891. — *Aspirantes.*)

493. Comment mesure-t-on la pression atmosphérique?— Expliquer la relation entre les variations du baromètre et les changements de temps[1].

(Aveyron. — 1893. — *Aspirantes.*)

494. Principaux phénomènes atmosphériques dus à la présence de la vapeur d'eau dans l'air.

(Ardèche, Haute-Saône. — 1893, 1894. — *Aspirantes.*)

495. Loi de Mariotte. — Démonstration expérimentale[2].

(Gironde. — 1893. — *Aspirantes.*)

496. Énoncer la loi de Mariotte et la vérifier[3].

(Creuse. — 1893. — *Aspirants.*)

497. Pompes.

(Départements de l'Académie de Paris, excepté la Seine. — 1894. — *Aspirants.*)

498. Décrire la pompe aspirante et en expliquer le fonctionnement.

(Nord. — 1894. — *Aspirantes.*)

499. Des divers systèmes de pompes à liquides. — Leur description et leur fonctionnement. — Dans la pompe aspirante, évaluer en particulier la hauteur de la colonne soulevée après le premier coup de piston et l'effort nécessaire pour manœuvrer le piston quand la pompe est amorcée.

(Tarn-et-Garonne. — 1893. — *Aspirantes.*)

---

1. La composition de sciences physiques et naturelles comprenait, en outre, une question sur la chimie :

« Hydrogène sulfuré. — Ses applications, ses dangers. — Prouver que c'est un composé d'hydrogène et de soufre. »

2. La composition comprenait, en outre, une question sur l'histoire naturelle :

« Germination de la graine. »

3. La composition comprenait, en outre, une question sur la chimie :

« Propriétés chimiques et préparation du chlore. »

500. Principes sur lesquels repose la construction des pompes : donner la description de l'un de ces appareils.

(Yonne. — 1893. — *Aspirantes.*)

501. Le siphon.

(Cantal. — 1893. — *Aspirants.*)

502. Théorie du siphon[1].

(Gers. — 1893. — *Aspirants.*)

503. Principe d'Archimède dans toute sa généralité, c'est-à-dire pour les liquides et les gaz. — Applications diverses.

(Morbihan. — 1893. — *Aspirantes.*)

———◆◆◆———

504. Définition et mesure de la hauteur du son. — Gamme et intervalles musicaux. — Dièses et bémols.
On ne considérera que la gamme majeure.

(Vendée. — 1891. — *Aspirants.*)

———◆◆◆———

505. Donner les lois de la dilatation des corps sous l'influence de la chaleur. — Montrer diverses applications de ces lois soit dans la nature, soit dans l'industrie.

(Loire-Inférieure. — 1893. — *Aspirants.*)

506. Thermomètre à mercure. — Construction. — Détermination des points fixes et graduation du thermomètre centigrade.

(Ille-et-Vilaine. — 1893. — *Aspirantes.*)

507. De l'installation et de l'observation des thermomètres[2].

(Saône-et-Loire. — 1893. — *Aspirants.*)

1. La composition comprenait, en outre, une question sur la chimie :
« Sulfure de carbone : préparation, propriétés et usages. »
2. La composition comprenait, en outre, une question sur l'histoire naturelle :
« Utilité des fossiles pour caractériser les terrains. »

508. Changement d'état des corps. — Phénomènes qui l'accompagnent. — Mélanges réfrigérants. — Applications.

> (Départements de l'Académie de Montpellier. — 1893. — *Aspirantes.*)

509. Fusion et solidification. — Définition. — Lois : leur vérification.

> (Départements de l'Académie de Bordeaux. — 1894. — *Aspirantes.*)

510. Définition de l'état hygrométrique. — Hygromètre de condensation[1].

> (Gironde. — 1893. — *Aspirants.*)

511. Définition de l'état hygrométrique. — Notions sur les principaux hygromètres.

> (Gers. — 1894. — *Aspirants.*)

512. L'hygromètre à cheveu.

> (Hautes-Alpes. — 1893. — *Aspirants.*)

513. Définir l'état hygrométrique de l'air. — Expliquer la formation des brouillards, de la pluie et de la neige.

> (Haute-Marne. — 1893. — *Aspirantes.*)

514. Ébullition. — Lois de l'ébullition. — Chaleur de vaporisation. — Influence de la pression sur la température d'ébullition.

> (Hérault. — 1893. — *Aspirants.*)

515. Évaporation. — Conditions qui exercent une influence sur l'évaporation. — Froid produit par l'évaporation. — Applications à l'industrie, à l'hygiène et à l'agriculture.

> (Départements de l'Académie de Bordeaux. — 1894. — *Aspirants.*)

516. Vaporisation et ébullition de l'eau dans le vide et dans l'air.

> (Drôme. — 1894. — *Aspirants.*)

---

1. La composition comprenait, en outre, une question sur la chimie :

« Sucre de canne. — Propriétés physiques et chimiques. — Extraction. — Raffinage. »

517. Exposer la fabrication artificielle de la glace.

(Aisne. — 1894. — *Aspirantes.*)

518. Idée de la machine à vapeur.

(Ardèche. — 1893. — *Aspirants.*)

519. Des divers moyens de chauffer les habitations considérés au point de vue de l'hygiène.

(Belfort. — 1893. — *Aspirantes.*)

520. Principaux modes de chauffage utilisés dans l'économie domestique. — Faire connaître les avantages et les inconvénients de chacun d'eux, en partant des données de la physique et de la chimie.

(Creuse, Landes. — 1893. — *Aspirantes.*)

--------◆◆◆--------

521. Production de l'électricité par influence. — Étudier l'action d'un conducteur électrisé sur un autre conducteur qui est : 1° isolé; 2° en communication avec le sol.

(Haute-Loire. — 1894. — *Aspirants.*)

522. Exposer les phénomènes de l'électrisation par influence et en appliquer les principes à la théorie de l'électroscope à feuilles d'or.

(Ardèche. — 1893. — *Aspirants.*)

523. Condensateur électrique.

(Rhône. — 1893. — *Aspirants.*)

524. Électricité atmosphérique. — Expériences qui en révèlent l'existence; ses effets. — Paratonnerre.

(Départements de l'Académie de Grenoble. — 1893. — *Aspirants.*)

525. Effets physiologiques de la foudre. — Choc en retour. — Paratonnerre.

(Nord. — 1893. — *Aspirantes.*)

526. Pile de Bunsen. — Description et effets chimiques.

(Vosges. — 1891. — *Aspirantes.*)

527. Action d'un courant électrique sur l'aiguille aimantée, sur un barreau d'acier, sur un barreau de fer doux. — Indiquer une application pour chacune de ces trois actions.

(Aube. — 1891. — *Aspirants.*)

528. Aimantation par les courants. — Électro-aimants. — Principe du télégraphe. — Décrire très sommairement le télégraphe Morse.

(Alger. — 1891. — *Aspirants.*)

529. Induction. — Description d'une machine magnéto-électrique. — Téléphone.

(Oran. — 1893. — *Aspirants.*)

530. Principes sur lesquels repose le fonctionnement des machines d'induction. — Téléphone.

(Lot-et-Garonne. — 1891. — *Aspirants.*)

531. Effets calorifiques des courants. — Leur application à l'éclairage électrique[1].

(Nièvre. — 1891. — *Aspirants.*)

532. Éclairage électrique.

(Somme. — 1893. — *Aspirants.*)

533. Effets chimiques des courants électriques. — Leurs applications industrielles.

(Aisne. — 1893. — *Aspirants.*)

534. Effets chimiques des courants. — Application à la galvanoplastie, à la dorure et à l'argenture.

(Nord, Pas-de-Calais. — 1893, 1891. — *Aspirants.*)

---

1. La composition comprenait, en outre, une question sur l'histoire naturelle :

« Circulation chez l'homme. »

535. De la galvanoplastie.

(Creuse. — 1893. — *Aspirantes.*)

536. La galvanoplastie. — Principe sur lequel elle repose. — Principales opérations qu'elle comporte.

(Doubs. — 1893. — *Aspirantes.*)

537. Galvanoplastie. — Nickelage. — Argenture et dorure galvaniques.

(Lot-et-Garonne. — 1894. — *Aspirantes.*)

538. Le téléphone.

(Creuse. — 1893. — *Aspirants.*

539. Téléphone[1].

(Départements de l'Académie de Lyon. — 1893. — *Aspirants.*)

540. Principe du télégraphe électrique.

(Nord. — 1894. — *Aspirants.*)

———◦✕◦———

541. Lois de la réflexion de la lumière. — Applications aux miroirs plans.

(Deux-Sèvres. — 1894. — *Aspirants.*)

542. Lois de la réflexion. — Miroirs plans et sphériques. — Propriétés. — Usages.

(Vendée. — 1894. — *Aspirants.*)

543. Énoncer les lois de la réflexion de la lumière. — Application. — Image d'un point lumineux donnée par un miroir plan.

(Allier. — 1893. — *Aspirants.*)

544. Lois de la réflexion de la lumière. — Images dans un miroir plan[2].

(Allier. — 1894. — *Aspirants.*)

1. La composition comprenait, en outre, une question sur l'histoire naturelle :
« Les glaciers. »
2. La composition comprenait, en outre, une question sur l'histoire naturelle :
« Fonctions des nerfs. »

545. Formation des images par les miroirs plans. — Où doit être placé l'observateur pour apercevoir l'image d'un objet, ou plus simplement d'un point qui occupe une position déterminée?

Applications des miroirs plans[1].

(Indre-et-Loire. — 1893. — *Aspirants.*)

546. Réflexion totale de la lumière. — Mirage[2].

(Loire. — 1893. — *Aspirantes.*)

547. Énoncer les lois de la réflexion de la lumière, et expliquer la formation des images dans un miroir concave.

(Départements de l'Académie de Bordeaux. — 1891. — *Aspirants.*)

548. Propriétés des miroirs plans et des miroirs sphériques.

(Saône-et-Loire. — 1893. — *Aspirants.*)

549. Lentilles. — Définition. — Propriétés optiques[3].

(Allier. — 1891. — *Aspirantes.*)

550. Réfraction. — Définition. — Réfraction d'un rayon de lumière dans un milieu monoréfringent. — Lois de la réfraction simple. — Leur vérification expérimentale. — Angle limite. — Réflexion totale.

(Aisne. — 1891. — *Aspirants.*)

551. Expliquez en quoi consiste le phénomène de la réfraction de la lumière et citez quelques expériences mettant

---

1. La composition comprenait, en outre, une question sur l'histoire naturelle :
« Famille des Solanées. — Caractères. — Citer les principales plantes de cette famille. »
2. La composition comprenait, en outre, une question sur l'histoire naturelle :
« Action des sucs digestifs sur les aliments. »
3. La composition comprenait, en outre, une question sur l'histoire naturelle :
« Grandes divisions du règne végétal. »

ce phénomène en évidence. — Indiquez ce qui doit se produire lorsqu'un rayon de lumière blanche traverse un prisme en verre.

(Pas-de-Calais. — 1893. — *Aspirantes.*)

552. Définir la réfraction de la lumière et donner ses lois. — Décrire et expliquer la réflexion totale et le phénomène du mirage.

(Basses-Pyrénées. — 1893. — *Aspirantes.*)

553. Énoncer les lois de la réfraction de la lumière. — Expliquer, d'après ces lois, la formation de l'image dans la loupe et le phénomène du mirage.

(Indre. — 1893. — *Aspirants.*)

554. Décomposition et recomposition de la lumière blanche. — Spectres des diverses sources lumineuses.

(Ariége. — 1891. — *Aspirants.*)

555. Décomposition et recomposition de la lumière blanche. — Spectre solaire[1].

(Nièvre. — 1891. — *Aspirantes.*)

556. Décomposition et recomposition de la lumière solaire.

(Savoie et Haute-Savoie. — 1891. — *Aspirantes.*)

557. Décomposition et recomposition de la lumière par le prisme. — Dire ce qu'on entend par spectre solaire. — Comment on dispose l'expérience pour produire un spectre solaire pur. — Quelles sont les propriétés des diverses parties de ce spectre?

(Tarn-et-Garonne. — 1893. — *Aspirants.*)

558. Le microscope composé.

(Vienne. — 1891. — *Aspirants.*)

---

1. La composition comprenait, en outre, une question sur la chimie :

« Caractères des eaux potables. — Moyens de rendre potable l'eau qui ne l'est pas. »

559. Microscope composé. — Formation des images dans le microscope composé. — Grossissement du microscope[1].

(Ariége. — 1893. — *Aspirants.*)

----- ✕ -----

2° CHIMIE.

560. L'oxygène : sa présence dans l'eau et dans l'air; son rôle dans les combustions.

(Somme. — 1893. — *Aspirantes.*)

561. De l'eau. — Propriétés et composition de l'eau pure. — Distillation. — Caractères des eaux potables. — Moyens de rendre potable l'eau qui ne l'est pas.

(Ardèche, Somme. — 1893, 1891. — *Aspirantes.*)

562. Établir la composition de l'eau par l'analyse et la synthèse. — Matières que l'eau potable contient en dissolution.

(Haute-Saône. — 1893. — *Aspirants.*)

563. Les diverses eaux potables.—Moyens de les purifier. — Filtration. — Ébullition.

(Haute-Vienne. — 1891. — *Aspirantes.*)

564. Caractères des eaux potables et industriellement utilisables; rôle de l'eau dans la propagation des épidémies; précautions à prendre.

(Haute-Loire. — 1893. — *Aspirants.*)

565. Eaux potables. — Leurs caractères. — Principales réactions servant à l'appréciation approximative de la potabilité des eaux.

Purification des eaux. — Principes sur lesquels sont basés les divers procédés de purification des eaux.

(Lot-et-Garonne. — 1893. — *Aspirantes.*)

----

1. La composition comprenait, en outre, une question sur la chimie :

« Le lait. — Sa composition. »

566. Eaux potables. — Conditions qu'elles doivent remplir. — Principales substances qu'elles contiennent en dissolution. — Dangers provenant de l'usage des eaux non potables. — moyens pour améliorer ces eaux.

(Côte-d'Or. — 1893. — *Aspirantes.*)

567. L'air. — Sa composition. — Rôle de ses principaux éléments.

(Départements de l'Académie de Paris, excepté la Seine. — 1894. — *Aspirantes.*)

568. Qu'est-ce que l'air? — De quoi est-il composé et comment trouve-t-on les proportions des gaz qui le constituent[1]?

(Orne. — 1894. — *Aspirants.*)

569. Exposer les méthodes qui permettent d'établir la composition de l'air atmosphérique en volume et en poids. Pourquoi cette composition reste-t-elle constante?

(Pas-de-Calais. — 1894. — *Aspirants.*)

570. L'air. — Sa composition. — Son rôle dans la vie animale et végétale. — Altération de l'air confiné.

(Haute-Saône. — 1893. — *Aspirantes.*)

571. L'air. — Sa composition en poids et en volume. — Rôle de l'air dans la vie de l'homme. — Des impuretés de l'air. — Germes de maladies.

(Oran. — 1894. — *Aspirantes.*)

572. Des causes de viciation de l'air dans les salles de classe et dans les lieux habités en ville et à la campagne. — Indiquer les précautions hygiéniques à prendre.

(Départements de l'Académie de Bordeaux. — 1894. — *Aspirantes.*)

---

1. La composition comprenait, en outre, une question sur l'histoire naturelle :
« En quoi consistent les phénomènes chimiques de la respiration? — Décrivez les organes de la respiration chez l'homme. »

573. Indiquer les principales causes de la viciation de l'air dans nos habitations. — Quelles sont les données scientifiques empruntées à la physique que l'on doit utiliser pour éliminer ces causes, ou du moins en atténuer les effets?

(Alger. — 1893. — *Aspirantes.*)

574. Préparation de l'acide azotique. — Son action sur les métaux et sur les substances organiques.

(Savoie et Haute-Savoie. — 1891. — *Aspirants.*)

575. Ammoniaque.—Propriétés.—Préparation.—Usages.

(Nord. — 1891. — *Aspirantes.*)

576. L'ammoniaque.
Sa préparation dans le laboratoire, ses propriétés.
Formation de l'ammoniaque dans les écuries et dans les tas de fumier. — Conséquences de cette étude au point de vue de la préparation, de la conservation et de l'utilisation du fumier de ferme.

(Départements de l'Académie de Bordeaux. — 1891. — *Aspirants.*)

577. Le chlore. — Origine; préparation; propriétés et usages.

(Départements de l'Académie de Lyon. — 1893. — *Aspirantes.*)

578. Le chlore. — Ses propriétés. — Ses usages.

(Départements de l'Académie de Paris, excepté la Seine. — 1891. — *Aspirantes.*)

579. Chlore : propriétés et préparation. — Chlorures décolorants. — Applications.

(Corrèze. — 1891. — *Aspirants.*)

580. Le chlore. — Ses propriétés. — Préparation du chlore et de l'acide chlorhydrique.

(Seine. — 1891. — *Aspirants.*)

581. Le chlore. — Chlorures désinfectants et décolorants.

(Pas-de-Calais. — 1893. — *Aspirants.*)

10.

582. Le chlore, les hypochlorites, l'acide chlorhydrique, le sel marin. — Propriétés, préparation, production ou extraction, application de ces différents corps.

(Gers. — 1893. — *Aspirants.*)

583. Chlore : sa préparation. — Action du chlore sur les matières colorantes, blanchiment des étoffes d'origine végétale. — Son principal emploi dans l'industrie.

(Somme. — 1893. — *Aspirantes.*)

584. Chlorure de sodium ou sel marin. — Divers moyens de l'obtenir; ses propriétés, ses usages dans la vie domestique, en chimie et dans l'industrie.

(Vosges. — 1891. — *Aspirantes.*)

585. Le soufre. — Ses usages.

(Morbihan. — 1893. — *Aspirants.*)

586. Soufre. — Acide sulfureux. — Acide sulfurique.

(Vendée. — 1891. — *Aspirantes.*)

587. Soufre. — Acide sulfureux, acide sulfurique, acide sulfhydrique.

(Aube. — 1893. — *Aspirantes.*)

588. Le phosphore [1].

(Indre-et-Loire. — 1891. — *Aspirants.*)

589. Acide phosphorique. — Phosphates. — Applications à l'agriculture. — Autres engrais chimiques.

(Aube. — 1893. — *Aspirants.*)

590. Principaux engrais minéraux; leur composition; leur emploi et leurs effets.

(Corrèze. — 1893. — *Aspirants.*)

---

1. La composition comprenait, en outre, une question sur l'histoire naturelle :

« **Organe de l'ouïe.** »

591. Le carbone. — Ses principales propriétés physiques et chimiques; ses usages.

(Corrèze. — 1893. — *Aspirantes.*)

592. Acide carbonique. — Ses propriétés. — Circonstances dans lesquelles il se produit. — Son action sur les animaux et sur les végétaux.

(Gers. — 1893. — *Aspirantes.*)

593. Composés oxygénés du carbone[1].

(Indre-et-Loire. — 1894. — *Aspirantes.*)

594. De l'acide carbonique. — Production naturelle et artificielle. — Principales propriétés. — Son rôle dans la nature.

(Ardèche, Yonne. — 1894. — *Aspirants.*)

595. Préparation et propriétés de l'acide carbonique. — Origine de celui qui se trouve dans l'air. — Rôle de ce gaz dans la vie des plantes.

(Hautes-Pyrénées. — 1893. — *Aspirants.*)

596. Nommez les composés du carbone que vous connaissez et donnez-en la composition.

Dites ce que vous savez sur l'acide carbonique et l'oxyde de carbone. — Insister sur les propriétés qui intéressent l'hygiène.

(Nièvre. — 1893. — *Aspirantes.*)

597. Le carbone. — Ses différents états. — Ses combinaisons avec l'oxygène. — Ses combinaisons avec l'hydrogène. — Caractères, propriétés[2].

(Creuse. — 1894. — *Aspirants.*)

1. La composition comprenait, en outre, une question sur l'histoire naturelle :

« La peau. — Ses fonctions. — Produits qu'on en tire. »

2. La composition comprenait, en outre, une question sur l'histoire naturelle :

« Aliments. — Classification. — Transformations sous l'influence des ferments digestifs. »

598. Extraction et propriétés des principaux carbures d'hydrogène liquides.

(Côte-d'Or. — 189?. — Aspirantes.)

599. I. — Gaz d'éclairage. — Coke.

II. — Acide azotique. — Préparation. — Propriétés et usages.

(Ariége. — 1893. — Aspirantes.)

---

600. Principaux sels de potasse : leurs usages domestiques, industriels et agricoles.

(Constantine. — 1893. — Aspirants.)

601. Chaux. — Carbonate de chaux. — Sulfate de chaux.

(Ille-et-Vilaine. — 1893. — Aspirants.)

602. Silicates. — Argiles; poteries et verres.

(Constantine, Somme. — 1891. — Aspirants.)

603. Fabrication des principales espèces de verres. — Notions sur l'origine et la composition des substances employées.

(Drôme. — 1893. — Aspirantes.)

604. Du plomb et du cuivre. — Propriétés les plus importantes de ces deux métaux et quelques-uns de leurs principaux composés.

Leurs usages dans l'économie domestique. — Moyens de se préserver des accidents qu'ils peuvent occasionner.

(Seine. — 1893. — Aspirantes.)

---

605. Dites ce que vous savez du pétrole. — Composition, usages, dangers[1].

(Jura. — 1893. — Aspirantes.)

1. La composition comprenait, en outre, une question sur l'histoire naturelle :

« Caractères botaniques qui font placer dans des groupes différents : un champignon, un palmier, un chêne. »

606. Le pétrole. — Son exploitation. — Produits divers; usage de ces produits. — Danger qu'offre l'un d'eux; précautions à prendre.

(Seine. — 1891. — *Aspirants.*)

607. Alcool ordinaire et fermentations. — (Vins, bière, cidre; essai des alcools[1].)

(Somme. — 1891. — *Aspirants.*)

608. Alcools en général. — Alcool ordinaire. — Fermentation alcoolique.

(Charente-Inférieure, Haute-Saône. — 1893. — *Aspirants.*)

609. Alcool. — Propriétés et préparation. — Essai des alcools.

(Départements de l'Académie de Montpellier. — 1893. — *Aspirants.*)

610. Nature, préparation et propriétés de l'alcool ordinaire. — Parler des fermentations, de la production du vin et de la fabrication de la bière.

(Départements de l'Académie de Bordeaux. — 1891. — *Aspirantes.*)

611. Éthers. — Éther ordinaire. — Actions diverses de l'acide sulfurique sur l'alcool.

(Lot-et-Garonne. — 1891. — *Aspirants.*)

612. Notions générales sur les corps gras. — Fabrication des savons.

(Alger. — 1891. — *Aspirantes.*)

613. Corps gras. — Leur composition chimique. — Propriétés principales. — Bougies. — Savons.

(Vosges. — 1891. — *Aspirants.*)

---

1. La composition comprenait, en outre, une question de physique :

« Le microscope. — Parties essentielles. — Formation de l'image; marche des rayons; grossissement. »

614. Glycérine. — Généralités sur les corps gras neutres.

(Isère. — 1891. — *Aspirants.*)

615. Fabrication, propriétés et usages des savons.

(Drôme. — 1891. — *Aspirantes.*)

616. Des procédés et des corps employés pour enlever les taches des vêtements. — Expliquer dans chaque cas pourquoi les taches disparaissent.

(Départements de l'Académie de Montpellier. — 1893. — *Aspirantes.*)

617. Albumine. — Caséine. — Fibrine. — Gluten. — Lait. — Moyen de reconnaître que le lait est additionné d'eau.

(Corrèze. — 1893. — *Aspirants.*)

618. Procédés de conservation des substances alimentaires.

(Isère. — 1891. — *Aspirantes.*)

619. Les principaux procédés de conservation des substances alimentaires. — Indiquer les principes sur lesquels ils reposent.

(Creuse. — 1891. — *Aspirantes.*)

3° HISTOIRE NATURELLE.

620. Appareil digestif chez l'homme.

(Isère. — 1893. — *Aspirants.*)

621. Constitution d'une dent. — Dents de l'homme. — Leur rôle. — Leur entretien. — Variation du système dentaire avec le genre de nourriture chez les mammifères.

(Cantal. — 1893. — *Aspirantes.*)

622. Glandes digestives et transformation des aliments.

(Aisne. — 1893. — *Aspirantes.*)

623. Quels sont les liquides les plus usités dans l'alimentation de l'homme? — Dites leurs principales propriétés chimiques et physiologiques et indiquez les précautions hygiéniques à prendre pour en faire un bon usage.

(Landes. — 1891. — *Aspirantes.*)

624. Expliquer les principales modifications que subit un aliment complet avant de passer dans le sang et dire pourquoi ces modifications sont nécessaires.

(Landes. — 1893. — *Aspirants.*)

625. Le cœur. — Ses principales modifications dans la série animale.

(Gironde. — 1893. — *Aspirantes.*)

626. Circulation du sang chez l'homme. — Trajet suivi, modifications subies. (On supposera connus l'appareil circulatoire et la circulation du sang.)

(Allier. — 1893. — *Aspirants.*)

627. Appareil circulatoire chez l'homme. — Étude rapide de cet appareil dans la série des vertébrés [1].

(Ariège. — 1893. — *Aspirantes.*)

628. Décrire les principaux organes et expliquer le phénomène de la circulation chez les mammifères.

(Basses-Pyrénées. — 1891. — *Aspirants.*)

629. Comparaison des organes circulatoires dans la série des animaux.

(Belfort. — 1893. — *Aspirantes.*)

630. Respiration chez l'homme. — Appareil respiratoire. — Mécanisme de la respiration. — Phénomènes chimiques.

(Finistère. — 1893. — *Aspirantes.*)

---

1. La composition comprenait, en outre, une question de physique :

« Loi de Mariotte. — Démonstration. »

631. Description de l'appareil respiratoire de l'homme. — Mécanisme de la respiration.

(Pas-de-Calais. — 1893. — *Aspirantes*.)

632. La respiration chez l'homme. —-Organes, mécanisme, phénomènes chimiques qui se rapportent à cette fonction.

(Côte-d'Or, Rhône. — 1893. -- *Aspirants et Aspirantes*.)

633. De la respiration chez l'homme. — Description de l'appareil respiratoire. — Mécanisme et physiologie de la res-piration. — Conséquences au point de vue de l'hygiène.

(Corrèze. — 1893. — *Aspirantes*.)

634. Phénomènes chimiques de la respiration : 1º chez l'homme ; 2º chez les plantes à chlorophylle.

(Corrèze. — 1894. — *Aspirantes*.)

635. Respiration de l'homme. — Organes; mécanisme; phénomènes chimiques. (Larynx, voix.)

(Constantine. — 1893. — *Aspirantes*.)

636. Le système nerveux chez l'homme et les animaux vertébrés. — Sa fonction. — Étude des nerfs; structure du tissu nerveux. — Intelligence et instinct.

(Seine. — 1894. — *Aspirantes*.)

637. Innervation. — Cellules et fibres nerveuses. — Nerfs sensitifs et nerfs moteurs. — Centres nerveux.

(Haute-Vienne. — 1894. — *Aspirants*.)

638. La peau humaine. — Ses fonctions. — Hygiène du vêtement.

(Corrèze, Haute-Loire, Vosges. — 1894. — *Aspirantes*.)

639. Structure de la peau. — Ses fonctions. — Préceptes hygiéniques qui s'y rapportent.

(Creuse. — 1894. — *Aspirantes*.)

640. Structure de l'œil. — Théorie de la vision.

(Ardèche. — 1894. — *Aspirants*.)

641. Description de l'œil chez l'homme. — Mécanisme de la vision. — Expliquer les défauts les plus communs de l'œil et les moyens de les corriger.

(Vienne. — 1891. — Aspirantes.)

642. Structure de l'œil. — Marche des rayons lumineux. — Formation des images. — Appréciation des distances et de la grandeur des objets.

(Seine. — 1893. — Aspirants.)

643. Organe de l'ouïe. — Structure des différentes parties. — Mécanisme de l'audition. — Défectuosités de l'appareil. — Surdité.

(Constantine, Corrèze. — 1891. — Aspirants et Aspirantes.)

644. Caractères distinctifs des ruminants. — Citer les principaux ruminants. — Montrer leur grande utilité.

(Côtes-du-Nord. — 1893. — Aspirants.)

⋯⋯⋯

645. Organes de la nutrition des végétaux. — De la racine. — Des racines adventives : quelles sont les opérations de culture basées sur le développement de ces racines?

(Belfort. — 1893. — Aspirants.)

646. La nourriture des plantes : principaux éléments.

(Constantine. — 1891. — Aspirantes.)

647. Dites ce que vous savez de la nutrition des plantes.

(Aube. — 1891. — Aspirants.)

648. Respiration des végétaux.

(Nord. — 1893. — Aspirantes.)

649. Feuille. — Structure : forme; disposition sur la tige. — Fonctions.

(Savoie et Haute-Savoie. — 1891. — Aspirantes.)

650. Feuilles : leur structure, leurs fonctions.

(Isère. — 1891. — Aspirants.)

651. La feuille. — Parties qui composent la feuille. — Son rôle. — Différentes sortes de feuilles.

(Aisne. — 1891. — *Aspirantes.*)

652. De la feuille. — Parties qui la composent : formes diverses des feuilles de plantes différentes et parfois d'une même plante ; arrangement des feuilles sur la tige.
Rôle des feuilles.

(Somme. — 1891. — *Aspirantes.*)

653. La fleur : sa composition ; sa fonction. — Divisions des fleurs en unisexuées, bissexuées. Exemples.

(Oran. — 1893. — *Aspirantes.*)

654. Les organes essentiels de la fleur.

(Côte-d'Or. — 1893. — *Aspirantes.*)

655. Structure de la graine. — Germination.

(Hautes-Pyrénées. — 1893. — *Aspirantes.*)

656. Germination de la graine. — Phénomènes qui l'accompagnent.

(Aude. — 1893. — *Aspirants.*)

657. Caractères de la famille des Crucifères. — Emploi et usages des principales espèces.

(Haute-Loire. — 1891. — *Aspirantes.*)

658. Famille des Ombellifères, caractères.—Plantes utiles et plantes nuisibles.

(Constantine. — 1891. — *Aspirantes.*)

659. Généralités sur les principaux phénomènes géologiques de l'époque actuelle et utilisation de ces données pour l'explication des phénomènes géologiques anciens.

(Drôme. — 1893. — *Aspirants.*)

IV.

QUESTIONS COMPLÈTES.

(Mathématiques et Sciences physiques.)

1° ASPIRANTS.

Mathématiques.

660. I. — Volume engendré par un segment circulaire tournant autour d'un diamètre qui le laisse tout entier du même côté.

Application. — Deux circonférences dont les rayons sont a et $2a$ se touchent intérieurement. Par le point de contact A,

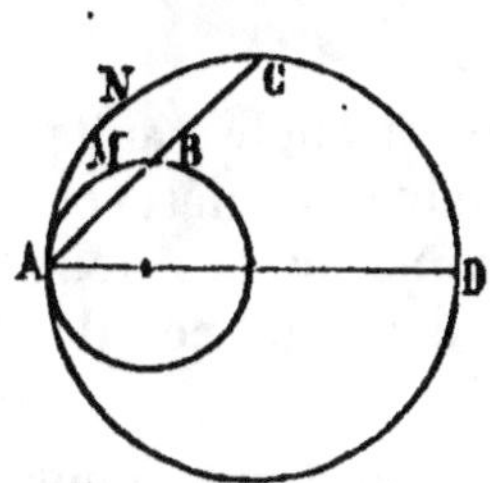

on trace une droite ABC, faisant un angle de 45° avec le diamètre AD qui passe en ce point, et coupant la petite circonférence en B, et la grande en C. Toute la figure tournant autour du diamètre AD, on demande le volume qu'engendre la partie AMBCNA, comprise entre les deux circonférences AMB, ANC, et la sécante BC.

Sciences physiques et naturelles.

II. — Description de l'appareil respiratoire chez l'homme. — Hématose. — Soins à donner aux asphyxiés et aux noyés.

(Aisne. — 1891. — *Aspirants.*)

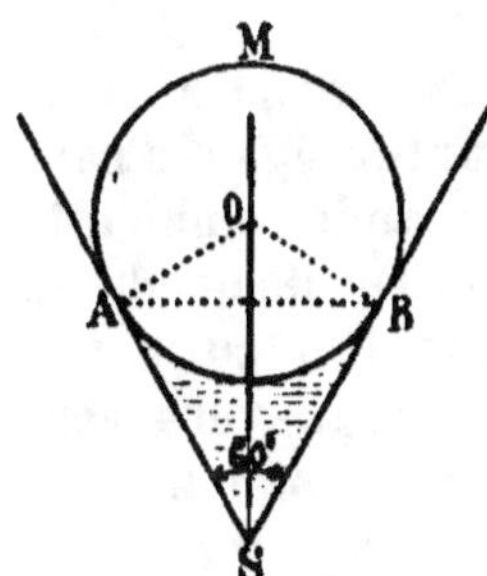

Mathématiques.

661. I. — Une sphère O de 0 m. 25 de rayon est inscrite dans un cône S, dont l'angle au sommet est de 60°. — Calculer :

1° Le volume compris entre la sphère et le cône;

2° La surface de la calotte sphérique AMB.

Sciences physiques et naturelles.

II. — Expériences fondamentales de l'induction par les courants et par les aimants.

Bobine de Ruhmkorff. — Téléphone.

(Alger. — 1894. — *Aspirants.*)

Sciences physiques et naturelles.

662. I. — Prisme. — Définition. — Action : 1° sur un rayon de lumière simple ; 2° sur un rayon de lumière blanche. — Spectre.

II. — Terre végétale. — Sa composition. — Son mode de formation. — Soins divers à lui donner.

Mathématiques.

III. On inscrit dans une circonférence un triangle équilatéral, et dans ce triangle on inscrit une seconde circonférence. — On demande à 1 millimètre près les rayons de ces deux circonférences, sachant que la différence des surfaces des deux cercles est de 1 mq.

IV. — Établir la condition nécessaire et suffisante pour qu'une fraction ordinaire puisse être convertie exactement en fraction décimale. — Évaluation d'une fraction ordinaire en fraction décimale à une unité d'un ordre décimal donné. — Quotient périodique.

(Allier. — 1893. — *Aspirants.*)

Mathématiques.

663. I. — Une barrique de vin contient 228 litres. On en retire 30 litres, que l'on remplace par une quantité égale d'eau. On répète trois fois cette opération, et on demande combien la barrique contient alors d'eau et de vin. — On demande en outre de généraliser la question, et de montrer au moyen d'une formule que la quantité de vin converge vers zéro quand le nombre des opérations augmente indéfiniment.

Sciences physiques et naturelles.

II. — Énoncer le principe d'Archimède.

Définition des mots *densité* et *poids spécifique*. Leur détermination par la méthode du flacon.

Décrire les aréomètres à poids constant et en faire la théorie.

III. — Donner la composition de l'eau pure. — Quels sont les divers sels que contient en dissolution une eau potable? Comment peut-on y reconnaître l'existence de la chaux?

(Ariège. — 1893. — Aspirants.)

Mathématiques.

664. I. — Un creuset ayant la forme d'un tronc de cône présente les dimensions suivantes : $R = 18$ cm., $r = 15$ cm., et $H = 12$ cm. Il est rempli de plomb fondu, et le métal est versé dans un moule sphérique qu'il remplit complètement. — On demande quel est le rayon du moule et le poids du projectile. (Densité du plomb $= 11,2$.)

Sciences physiques et naturelles.

II. — Dites ce que vous savez des Reptiles.

III. — Action d'un prisme sur la lumière. — Qu'appelle-t-on spectre en physique? — Dites ce que vous savez de la couleur des corps.

(Aveyron. — 1893. — Aspirants.)

Mathématiques.

665. I. — La division d'un nombre entier par 3725 donne 156 pour quotient entier et 2713 pour reste. — Sans changer le quotient, de combien d'unités peut-on augmenter : 1° le dividende seul; 2° le diviseur seul; 3° simultanément le dividende et le diviseur?

II. — Un losange de côté a, dont l'un des angles au sommet vaut 60°, tourne autour d'un axe, situé dans son plan, perpendiculaire à la grande diagonale et passant par une extrémité de celle-ci. On demande l'expression du volume engendré par ce losange.

Sciences physiques et naturelles.

III. — L'ammoniaque. — Sa préparation dans le laboratoire, ses propriétés.

Formation de l'ammoniaque dans les écuries et dans les tas de fumier. — Conséquences de cette étude au point de vue de la préparation, de la conservation et de l'utilisation du fumier de ferme.

(Départements de l'Académie de Bordeaux. — 1891. — Aspirants.)

Mathématiques.

666. I. — Un bidon d'huile à brûler a la forme d'un cylindre surmonté d'un tronc de cône. Le diamètre du cylindre est de 0 m. 19 et sa hauteur de 0 m. 22; le diamètre de la base supérieure du tronc de cône est de 0 m. 05 et sa hauteur de 0 m. 12. — On demande : 1º quelle est la surface du bidon; 2º quelle est sa contenance; 3º quel poids d'huile il doit renfermer quand il est plein, la densité de l'huile étant de 0,920.

Sciences physiques et naturelles.

II. — L'acide carbonique dans le laboratoire et dans la nature. — Faites connaître sa composition, sa préparation, ses propriétés, ses usages dans les divers phénomènes où il intervient naturellement et dans ceux où on le fait intervenir.

(Creuse. — 1891. — Aspirants.)

Mathématiques.

667. I. — Un propriétaire projette une amélioration du matériel et de la culture de sa propriété nécessitant une dépense immédiate de 30 000 fr., considérée comme sans valeur dans 20 ans et, par suite, supposée perdue; mais, grâce à l'amélioration projetée, le revenu annuel se trouverait, dès à présent, augmenté de 1000 fr. — On demande quel serait, d'après ces prévisions, le bénéfice du propriétaire dans 20 ans, en tenant compte des intérêts composés à 4 p. 0/0, tant sur la dépense que sur les revenus, et en admettant que chaque revenu annuel ne soit réalisé et placé qu'à la fin de l'année.

II. — Construire un carré équivalent aux $\frac{3}{5}$ d'un carré donné et démontrer la construction.

Sciences physiques et naturelles.

III. — Définition de la masse d'un corps. — Unité de masse. Unités de force. — Définition du travail mécanique. — Unités de travail.

Quantités de chaleur. — Unités de quantité de chaleur.

Notions sur l'équivalence du travail mécanique et de la chaleur.

(Gironde. — 1893. — Aspirants.)

Mathématiques.

668. I. — Démontrer que lorsque deux fractions sont équivalentes et que les termes de l'une sont premiers entre eux, les termes de l'autre sont équimultiples de ceux de la première.

En déduire la notion de la fraction irréductible : 1° définition ; 2° condition nécessaire et suffisante pour qu'une fraction soit irréductible ; 3° manières de réduire une fraction proposée, $\frac{504}{792}$ par exemple, à sa plus simple expression.

Sciences physiques et naturelles.

II. — A quelle profondeur faudrait-il plonger dans l'eau de mer une capacité fermée à parois flexibles renfermant deux litres d'air sous la pression barométrique de 760 mm. pour que le volume de cette masse fût réduit à un litre? La densité de l'eau de mer est 1,026, et celle du mercure 13,59.

III. — Quels soins faut-il prendre pour maintenir propres les ustensiles métalliques du ménage? Donnez la raison scientifique de ces soins.

(Landes. — 1893. — Aspirants.)

Mathématiques.

669. I. — Sur les deux rayons OA, OB d'un quadrant pris pour diamètre, on décrit deux demi-circonférences ODCA, OFCB. Démontrer que les trois points A, C, B sont en ligne droite. Évaluer l'aire ODCFO limitée par deux arcs de cercle, évaluer l'aire ABC limitée par trois arcs de cercle. Quel devrait être le rayon OA pour que la surface ABC soit de 1 mètre carré ?

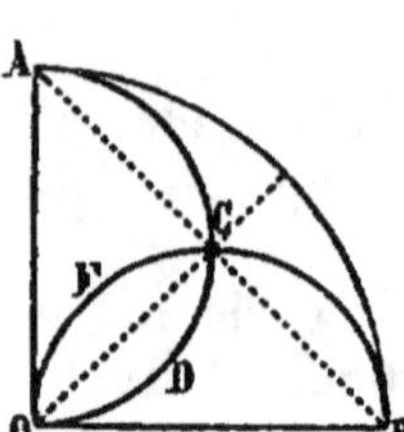

Sciences physiques et naturelles.

II. — Sulfates : état naturel; préparations, propriétés. — Moyens de les reconnaître. — Insister particulièrement sur ceux que l'on emploie en agriculture.

(Haute-Loire. — 1891. — Aspirants.)

Mathématiques.

670. I. — Démontrer que la fraction décimale équivalente à la somme $\frac{1}{24} + \frac{1}{25} + \frac{1}{26}$ est une fraction décimale périodique mixte.

Combien y a-t-il de chiffres à la partie non périodique ?

II. — Dans un triangle ABC les côtés BC, AC sont égaux respectivement à a, b, et l'angle $C = 120°$.

1° Calculer le côté AB.

2° Calculer la surface du triangle ABC.

3° Calculer les trois hauteurs du triangle.

Sciences physiques et naturelles.

III. — a) Énoncer et vérifier le principe de Pascal.

b) Le petit piston d'une presse hydraulique a une section de 10 cmq.; il est pressé par une force motrice de 50 kilog. On demande :

1° Quelle sera la force résistante exercée sur le gros piston quand il aura cessé de monter;

2° Quelle section devrait avoir le gros piston pour qu'il

continuât à s'élever jusqu'à ce que la force résistante fût de 2500 kilog.

(Lot-et-Garonne. — 1893. — *Aspirants.*)

Mathématiques.

671. I. — La section du canal qui alimente une ville a la forme d'un trapèze isocèle, dont les bases ont 3 m. 25 et 1 m. 56, et dont la hauteur est 2 m. 68. Le canal n'est rempli d'eau que jusqu'aux $\frac{5}{6}$ de la hauteur, et la vitesse du courant est de 0 m. 32 par seconde. — Quel temps faudrait-il pour que l'eau débitée remplît un réservoir ayant la forme d'un tronc de cône de 6 m. 80 de hauteur, et dont les bases auraient pour rayons 26 m. et 15 m.?

Sciences physiques et naturelles.

II. — Fermentation putride. — Divers modes de conservation des substances organiques.

(Haute-Marne. — 1893. — *Aspirants.*)

Mathématiques.

672. I. — Une circonférence est divisée en six parties égales. On inscrit les deux triangles équilatéraux ACE, BFD en joignant convenablement les points de division A, B, C, D, E, F.

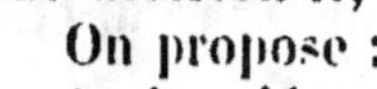

On propose :

1º De démontrer que l'hexagone qui a pour sommets les points de rencontre a, b, c, d, e, f, des côtés des deux triangles, est régulier;

2º De calculer en fonction du rayon R de la circonférence le côté de cet hexagone, ainsi que sa surface;

3º On fera R = 1 m. et on calculera le côté à 1 décim. près, la surface à 1 décim. carré près.

II.

Sciences physiques et naturelles.

II. — Lois de la réflexion de la lumière. — Miroirs plans.

(Nièvre. — 1893. — *Aspirants.*)

Mathématiques.

673. I. — Un terrain a la forme d'un trapèze-isocèle, dont la grande base AB a une longueur de 128 m., et dont le côté AD, qui fait un angle de 60° avec cette base, a une longueur de 24 m. Cela posé, on demande : 1° la valeur de ce terrain à raison de 45 fr. l'are; 2° le prix d'un terrain carré dont le côté est égal aux $\frac{7}{20}$ de la diagonale AC, sachant que le prix de l'are de ce second terrain est au prix de l'are du premier dans le rapport de $\frac{3}{4}$ à $\frac{5}{7}$.

Sciences physiques et naturelles.

II. — Ébullition; ses lois. — Influence de la pression atmosphérique sur la température du point d'ébullition.

(Départements de l'Académie de Paris, excepté la Seine. — 1891. — *Aspirants.*)

Mathématiques.

674. I. — Un vase ayant la forme d'un tronc de cône droit à bases parallèles, dont l'orifice serait la grande base, est fait d'un métal de densité 11,3. Les diamètres intérieurs de l'orifice et du fond sont respectivement 0 m. 26 et 0 m. 20; la hauteur intérieure est de 0 m. 30 et l'épaisseur de la paroi 0 m. 01. On remplit ce vase jusqu'aux $\frac{2}{3}$ de la hauteur d'acide sulfurique concentré dont la densité est de 1,84. — On demande de calculer quel est alors le poids total du vase et du liquide contenu dans ce vase.

Sciences physiques et naturelles.

II. — Ammoniaque. — Ses propriétés. — Sources de l'ammoniaque. — Sels ammoniacaux. — Propriétés de quelques-uns d'entre eux au point de vue agricole. — Leur préparation.

(Pas-de-Calais. — 1891. — Aspirants.)

Mathématiques.

675[1]. I. — On demande la capacité d'une auge de maçon dont la petite base est un rectangle de 0 m. 55 de longueur sur 0 m. 37 de largeur, sachant que les faces latérales sont inclinées à 45° sur cette base, et que la profondeur de l'auge est de 0 m. 35.

Sciences physiques et naturelles.

II. — De l'installation et de l'observation des thermomètres.

III. — Utilité des fossiles pour caractériser les terrains.

(Saône-et-Loire. — 1893. — Aspirants.)

Mathématiques.

676. I. — Quelle est la condition nécessaire et suffisante pour qu'une fraction ordinaire puisse être convertie exactement en décimales? Démontrer cette condition, puis indiquer la règle qui fait trouver *a priori* le nombre des chiffres décimaux de la fraction considérée.

II. — Quand on donne 2 équations numériques de la forme

$$(1) \qquad ax + by = c$$
$$(2) \qquad a'x + b'y = c'$$

que doit-il arriver pour que le système de ces équations n'admette aucune solution? Justifier sa réponse.

Sciences physiques et naturelles.

III. — Énoncer les lois de la réfraction de la lumière. — Expliquer, d'après ces lois, la formation de l'image dans la loupe et le phénomène du mirage.

(Somme. — 1893. — Aspirants.)

---

1. Les différentes parties de ce problème ont déjà été données isolément. Elles sont reproduites ici dans leur ensemble pour mieux faire apprécier l'intérêt qu'offre leur groupement. — Cette observation s'applique également aux nos 681, 682 et 688.

2° ASPIRANTES.

Sciences physiques et naturelles.

677. I. — Action de l'oxygène, de l'eau, des acides et de l'air atmosphérique sur les métaux. — Applications usuelles.

II. — Indiquer très sommairement les caractères généraux des poissons.

Mathématiques.

III. — Réduction de deux ou de plusieurs fractions au plus petit dénominateur commun possible. La théorie sera exposée et l'application faite sur les fractions suivantes : $\dfrac{248}{1200}$, $\dfrac{216}{1925}$, $\dfrac{528}{1419}$.

IV. — On a 20 000 fr. en monnaie d'argent, partie en pièces de 5 fr., partie en pièces de 1 fr. On affine ces dernières de façon à pouvoir en faire des pièces de 5 fr. et, en alliant le cuivre excédent avec de l'or pur, on peut faire 10 075 pièces de 10 fr. — Combien y avait-il de pièces de 5 fr. et combien de pièces de 1 fr.?

(Allier. — 1893. — *Aspirantes.*)

Mathématiques.

678. I. — Une personne a acheté un certain nombre de mètres d'étoffe. Elle a payé les $\dfrac{7}{22}$ de ce nombre de mètres à raison de 12 fr. 50 le mètre, les $\dfrac{5}{33}$ à raison de 15 fr. le mètre et le reste au prix de 7 fr. 60 le mètre. Le total de la dépense est une somme qui, augmentée de ses intérêts à 6 p. 0/0 par an pendant 60 jours, donnerait 15 076 fr. 27. Combien a-t-on acheté de mètres à chacun des prix indiqués?

Sciences physiques et naturelles.

II. — Le paratonnerre.

III. — Quels sont les rapports de la plante avec l'atmosphère? — En déduire les règles d'hygiène relatives aux plantes d'appartement.

(Ardèche. — 1891. — *Aspirantes.*)

Mathématiques.

679. I. — Le lait que consomme un ménage pèse 954 gr. le litre. Si la densité du lait est de 0,932, calculer la quantité d'eau mise dans un litre. — Que pèserait un litre de lait falsifié contenant 45 centil. d'eau?

Sciences physiques et naturelles.

II. — Corps gras neutres. — Glycérine. — Extraction. — Propriétés physiques. — Usages.

III. — Système nerveux de la moelle épinière. — Nerfs moteurs et nerfs sensitifs.

(Ariège. — 1891. — *Aspirantes.*)

Mathématiques.

680. I. — Une personne qui possède une somme de 51 480 fr. la partage inégalement entre ses deux neveux. Le premier consacre les $\frac{5}{8}$ de son argent à l'achat d'une propriété. Le second place les $\frac{3}{7}$ de son avoir en rentes sur l'État. La somme qui leur reste alors entre les mains est inversement proportionnelle à leur âge. Quelle a été la part de chacun, sachant que le premier a 24 ans et le second 20 ans?

Sciences physiques et naturelles.

II. —, Soufre. — Acide sulfureux; acide sulfurique; acide sulfhydrique.

(Aube. — 1893. — *Aspirantes.*)

Mathématiques.

681. I. — Trois personnes se sont associées pour une entreprise; la première a versé 16 832 fr. et la deuxième

10 625 fr. La deuxième a apporté, outre sa mise, un brevet qui lui donne droit, d'après l'acte de société, au prélèvement de 8 fr. 50 p. 0/0 sur les bénéfices avant leur partage. Au moment de la liquidation, le premier associé reçoit 1854 fr. 25 et le troisième 2524 fr. 25. — On demande : 1° le montant du capital engagé par le troisième associé ; 2° le montant des sommes qui reviennent au second associé pour sa mise et pour son brevet ; 3° le bénéfice total de la société.

Sciences physiques et naturelles.

II. — Changement d'état des corps : phénomènes qui l'accompagnent. — Mélanges réfrigérants. — Applications.

(Aude. — 1893. — *Aspirantes.*)

Mathématiques.

682. I. — Le nombre 7854 est divisible par 3 et par 6, l'est-il par 18? Il est aussi divisible par 3 et par 7; l'est-il par 21? A quelle condition un nombre divisible par deux autres est-il divisible par leur produit? Démonstration.

II. — Une personne veut garnir d'étoffe une colonnette cylindrique ayant 0 m. 254 de diamètre et 1 m. 20 de hauteur. Les bases ne seront pas recouvertes; le fût sera enveloppé dans un manchon formé d'une seule pièce, pour qu'on n'ait qu'une couture à faire. Cette personne a le choix entre deux étoffes de même prix à surface égale : l'une ayant 1 m. 50 de large et l'autre 0 m. 90. — Dire la surface à recouvrir; puis chercher laquelle des deux étoffes donnera le moins de perte, et dire quelle longueur de cette étoffe il faudra acheter.

Sciences physiques et naturelles.

III. — Des causes de viciation de l'air dans les salles de classe et dans les lieux habités, en ville et à la campagne. — Indiquer les précautions hygiéniques à prendre.

(Départements de l'Académie de Bordeaux. — 1891. — *Aspirantes.*)

Mathématiques.

683. I. — Une institutrice est entrée en fonctions le 1er octobre 1891; elle a dû donner sa démission le 10 septembre 1892.

Conformément à la loi du 9 juin 1853, elle a subi la retenue complète du 1er douzième de son traitement et une retenue de $\frac{1}{20}$ sur le traitement de chaque mois qui a suivi. Sachant que la journée du 10 septembre 1892 lui a été payée, et qu'elle a reçu, pour toute la durée de son service, une somme nette de 1472 fr. 50, on demande quel est son traitement annuel.

Chaque mois compte pour 30 jours, et les timbres de quittances n'ont pas été à la charge de l'institutrice.

Sciences physiques et naturelles.

II. — Principaux appareils de chauffage employés pour les appartements. — Signaler les avantages et les inconvénients propres à chacun d'eux.

(Côtes-du-Nord. — 1893. — *Aspirantes.*)

Mathématiques.

684. I. — Sur un parcours de 114 kilom. les grandes roues d'une voiture ont fait en moyenne 7 tours en 8 secondes, et les petites 5 tours en 4 secondes.

Sachant que les petites roues ont fait 10 800 tours de plus que les grandes, dire quelle a été la durée du trajet, en supposant qu'il n'y ait pas eu d'arrêt, et quel est le diamètre de chaque roue.

Sciences physiques et naturelles.

II. — Décrire le système dentaire chez l'homme et chez les principaux mammifères. — Montrer les relations qui existent entre le système dentaire et le genre de vie et le mode de nutrition des animaux.

(Drôme. — 1891. — *Aspirantes.*)

Mathématiques.

685. I. — Convertir en fractions ordinaires a fraction décimale finie 0,327 et la fraction décimale périodique simple 0,454545....

On expliquera et démontrera la règle dans chacun des cas sur l'exemple proposé; de plus, on déduira de la seconde règle la raison pour laquelle une fraction périodique simple réduite à sa plus simple expression ne contient ni le facteur 2 ni le facteur 5 au dénominateur.

II. — Un négociant a vendu 15 hectol. de blé et 22 hectol. d'orge pour 600 fr. Une seconde fois, il a vendu 25 hectol. de blé et 18 hectol. d'orge pour 720 fr.

On demande quel est le prix d'un hectolitre de blé et d'un hectolitre d'orge.

Sciences physiques et naturelles.

III. — Qu'est-ce que l'air? — De quoi est-il composé, et comment trouve-t-on les proportions des gaz qui le consti- tuent?

Expliquez ce qui se passe quand on enflamme une allumette soufrée au contact de l'air. — Que deviennent le phosphore et le soufre après la combustion?

Qu'est-ce que la formation de la rouille sur le fer?

IV. — En quoi consistent les phénomènes chimiques de la respiration? — Décrivez les organes de la respiration chez l'homme.

(Gers. — 1891. — Aspirantes.)

Mathématiques.

686. I. — Deux capitaux restent placés pendant un an aux conditions suivantes :

1° La différence des deux capitaux est de 4608 fr.; 2° ils sont placés au même taux pendant 3 mois, et après 3 mois le taux du plus petit capital augmente du $\frac{1}{3}$ de sa valeur, et celui du plus grand capital diminue du $\frac{1}{3}$ de sa valeur; 3° leur intérêt annuel se trouve ainsi être le même.

On demande, d'après cela, le montant de ces deux capitaux.

Sciences physiques et naturelles.

II. — Électricité atmosphérique. — Expérience de Franklin. — Électricité habituelle de l'atmosphère. — Ses causes.

Électricité des nuages. — Éclair. — Tonnerre. — Foudre. — Choc en retour.

III. — Expliquer scientifiquement le durcissement de la chaux et du plâtre dans leur emploi comme matériaux de construction.

(Lot-et-Garonne. — 1891. — *Aspirantes.*)

Mathématiques.

687. I. — Une citerne dont toutes les faces intérieures sont des rectangles a ses dimensions proportionnelles aux nombres 1, $\frac{2}{3}$ et $\frac{3}{7}$. Ses plus grandes dimensions sont celles de sa base, dont la surface est de 8 mètres carrés 3544. — On demande d'exprimer en hectolitres et fraction d'hectolitre la capacité de cette citerne.

Sciences physiques et naturelles.

II. — Décrire la pompe aspirante et en expliquer le fonctionnement.

(Nord. — 1891. — *Aspirantes.*)

Sciences physiques et naturelles.

688. I. — Expérience de Torricelli. — Expliquer comment elle permet d'évaluer la pression de l'atmosphère. — Décrire l'un des instruments servant à l'observation de cette pression. — Quels renseignements cette observation peut-elle fournir ?

Mathématiques.

II. — On distribue une somme entre 4 personnes : la première reçoit le $\frac{1}{5}$ de la somme ; la deuxième reçoit en plus les $\frac{3}{5}$ de la somme attribuée à la première ; la troisième n'obtient que les $\frac{5}{6}$ de la part de la deuxième ; enfin, on donne à la quatrième le reste de la somme, qui s'élève à 16 000 fr. Calculez la somme totale et les sommes partielles reçues par les 3 premières personnes.

(Pas-de-Calais. — 1891. — *Aspirantes.*)

Mathématiques.

689. I. — Deux sommes sont telles, que si l'on ajoute à la première l'intérêt qu'elle produit pendant 1 an au taux de $3\frac{1}{4}$ p. 0/0, on a un total égal au double du total obtenu en ajoutant à la seconde les intérêts qu'elle produit pendant 2 ans 8 mois au taux de 5 p. 0/0. On sait de plus que la différence de la première somme au tiers de la seconde est égale à 22 493 fr. 25.

Sciences physiques et naturelles.

II. — Exposer les expériences relatives à la décomposition et à la recomposition de la lumière blanche.

(Seine. — 1893. — Aspirantes.)

Mathématiques.

690. I. — Un vase cylindrique ayant 0 m. 4 de hauteur, intérieure pèse 2 kilog. 74 lorsqu'il est vide, et 31 kilog. lorsqu'il est exactement plein d'eau.

Le vase étant rempli, on y plonge trois boules sphériques dont les diamètres sont entre eux comme les nombres 1, 2 et 3. Les boules étant entièrement immergées, le vase reste plein, mais il en est sorti une certaine quantité d'eau, qui pèse 0 kilog. 73.

On demande, en supposant que la température soit invariablement de 4° centigrades :

1° Le rayon intérieur du vase en centimètres;

2° Le volume de chacune des boules en centimètres cubes.

On prendra 3,14 pour la valeur de π.

Sciences physiques et naturelles.

II. — De la pression atmosphérique. — Preuves de son existence. — Comment peut-on mesurer cette pression?

(Seine. — 1891. — Aspirantes.)

TABLE DES MATIÈRES

Paris. — Imprimerie Delalain Frères, 1 et 3, rue Sorbonne.

TABLE DES MATIÈRES

Paris. — Imprimerie Delalain Frères, 1 et 3, rue Sorbonne.